chá
茶

yè

叶

中国农业的『四大发明』

茶叶

王思明　丛书主编
刘馨秋　著

中国科学技术出版社
·北　京·

图书在版编目（CIP）数据

茶叶 / 刘馨秋著 . -- 北京：中国科学技术出版社，2021.8

（中国农业的“四大发明”/ 王思明主编）

ISBN 978-7-5046-8414-1

Ⅰ. ①茶… Ⅱ. ①刘… Ⅲ. ①茶树—栽培技术—农业史—研究—中国 Ⅳ. ① S571.1-092

中国版本图书馆 CIP 数据核字（2019）第 247008 号

总 策 划　秦德继
策划编辑　李　镅　许　慧
责任编辑　李　镅
版式设计　锋尚设计
封面设计　锋尚设计
责任校对　吕传新
责任印制　马宇晨

出　　版　中国科学技术出版社
发　　行　中国科学技术出版社有限公司发行部
地　　址　北京市海淀区中关村南大街 16 号
邮　　编　100081
发行电话　010-62173865
传　　真　010-62173081
网　　址　http://www.cspbooks.com.cn

开　　本　710mm × 1000mm　1/16
字　　数　130 千字
印　　张　11
版　　次　2021 年 8 月第 1 版
印　　次　2021 年 8 月第 1 次印刷
印　　刷　北京盛通印刷股份有限公司
书　　号　ISBN 978-7-5046-8414-1 / S · 762
定　　价　68.00 元

丛书编委会

序言

谈到中国对世界文明的贡献，人们立刻想到"四大发明"，但这并非中国人的总结，而是近代西方人提出的概念。培根（Francis Bacon，1561—1626）最早提到中国的"三大发明"（印刷术、火药和指南针）。19世纪末，英国汉学家艾约瑟（Joseph Edkins，1823—1905）在此基础上加入了"造纸"，从此"四大发明"不胫而走，享誉世界。事实上，中国古代发明创造数不胜数，有不少发明的重要性和影响力绝不亚于传统的"四大发明"。李约瑟（Joseph Needham）所著《中国的科学与文明》（*Science & Civilization in China*）所列中国古代重要的科技发明就有26项之多。

传统文明的本质是农业文明。中国自古以农立国，农耕文化丰富而灿烂。据俄国著名生物学家瓦维洛夫（Nikolai Ivanovich Vavilov, 1887—1943）的调查研究，世界上有八大作物起源中心，中国为最重要的起源中心之一。世界上最重要的640种作物中，起源于中国的有136种，约占总数的1/5。其中，稻作栽培、大豆生产、养蚕缫丝和种茶制茶更被誉为中国农业的"四大发明"[1]，对世界文明的发展产生了广泛而深远的影响。

---

1 王思明. 丝绸之路农业交流对世界农业文明发展的影响. 内蒙古社会科学（汉文版），2017（3）：1-8.

中国农业的『四大发明』

茶叶

茶叶是世界三大无醇饮料之一，中国是种茶制茶的祖国。传说：『神农尝百草，一日而遇七十毒，得茶而解之。』『荼』即『茶』。今天云南等地仍然可看到不少野生茶树和树龄高达三千年的茶树。

中国制茶与饮茶的习俗于6世纪传入朝鲜半岛和日本。1610年，荷兰人将茶叶运回欧洲，开中西海上茶叶贸易之先河。17世纪50年代，茶叶进入英国。起初它仅仅被视为神奇、包治百病的药材。17世纪60年代，葡萄牙国王约翰四世的女儿凯瑟琳公主和查理二世联姻，凯瑟琳公主喜欢“在小巧的杯中啜茶”。在“饮茶皇后”的推动下，饮茶之风在宫廷流行，茶叶每磅[1]卖到16～60先令。19世纪，安娜·玛丽亚公爵夫人首创“下午茶”，并渐成风气。

1780年，东印度公司从中国引茶种至印度，到1850年已经形成了全国茶区。1824年，斯里兰卡引种；1893年，俄国引种；印度、印尼、日本茶叶出口发展迅速，一度超越中国。今天，全世界已有60个国家生产茶叶，数十亿人饮茶，中国产茶叶约占世界总产量的1/3。

饮茶使人身体健康、身心愉悦，同时茶叶贸易带来巨大的经济利益，曾深刻影响了世界政治的格局。17世纪后，中国茶叶出口量猛增，1718年已经超越生丝居出口值第一，进入欧洲一般平民的生活，使得英国在对华贸易中大量白银外流。为了减少贸易逆差，英国一方面在殖民地（印度、斯里兰卡等）发展茶叶生产，希望借此打破中国的市场垄断；另一方面，通过走私鸦片，贩卖到中国，来平衡中英贸易。但因鸦片贸易严重毒害了中国人民的身心，林则徐虎门销烟，继而引发中英鸦片战争。茶叶改变了两个帝国的命运。

---

1 1磅=0.454千克。

世界农业文明是一个多元交汇的体系。这一文明体系由不同历史时期、不同国家和地区的农业相互交流、相互融合而成。任何交流都是双向互动的，如同西亚小麦和美洲玉米在中国的引进推广改变了中国农业生产的结构一样，中国传统农耕文化对外传播，对世界农业文明的发展也产生了广泛而深远的影响。中华农业文明研究院应中国科学技术出版社之邀编撰这套丛书的目的，一方面是希望公众对古代中国农业的发明创造能有一个基本的认识，了解中华文明形成和发展的重要物质支撑；另一方面，也希望公众通过这套丛书理解中国农业对世界农耕文明发展的影响，从而增强民族自信。

王思明

2021 年 3 月于南京

前言

中国是茶树的原产地，也是世界上最早发现、利用茶叶并将其发展成为一种文化和产业的国家。早在秦汉时期，饮茶已是巴蜀、荆楚一带居民的习俗。魏晋南北朝时期，饮茶习俗在南朝的长江中下游地区已经相当普遍。至唐代，茶叶不仅成为举国之饮，而且发展为全国性甚至东亚性的产业和文化。明清时期，茶叶由亚洲传播至欧洲，进而形成了洲际的、全球性的文化和事业。茶叶因此成为具有国家象征意义的特殊商品。

数千年以来，茶叶早已深深融入中国人的生活，成为传承中华文化的重要载体。习近平总书记在党的十九大报告中指出："文化是一个国家、一个民族的灵魂。文化兴国运兴，文化强民族强。"茶文化正是中华优秀传统文化的卓越典范。从古代的丝绸之路、茶马古道、茶船古道，到今天的丝绸之路经济带和 21 世纪海上丝绸之路，茶叶作为一种被赋予东方文化色彩的独特商品，穿越历史，跨越国界，深受世界各国人民喜爱，与丝绸、瓷器等被认为是共结和平、友谊、合作的纽带。

中国茶文化是在自主性发展基础上形成的具有自身特质和内涵的文化体系，同时也是一个开放性的文化体系。它在不断输出自身优秀成果的同时，也在深刻影响着世界茶文化的发展进程，当今世界各国茶文化无一不是源于中国茶文化而逐渐形成和发展起来的。近年来，在提升国家文化软实力、增进文化自信、形成全方位开放新格局的目标引领下，茶文化纵贯古今、横通中外的意义与成就更为凸显。

在当前政策导向之下，以中国传统文化的代表——茶为媒介，探索茶叶在世界的传播及其带动的中西方文化交融，是体现中国文化这一开放性的文化体系的有效手段，也是展现中国文化软实力的重要途径。特别是在当前全球经济与文化冲突频繁发生的国际形势下，茶文化更能展现中国文化的包容性和影响力。

本书以茶叶的历史发展为主线，以发展中取得的突出成就为重点，将茶树与茶文化的起源、茶叶生产技术、茶文化内涵、贸易传播及影响串联起来，展现茶叶作为中国农业的“四大发明”之一对世界文明作出的贡献。

刘馨秋

2021 年 3 月

第四章
雅致精纯
明代茶的繁盛

第一节　炒青绿茶一枝独秀　〇六八
第二节　空前繁荣的传统茶学　〇七二
第三节　品鉴艺术　〇八二

第五章
茶的流动
清代茶的盛衰

第一节　茶叶贸易与传播　一〇八
第二节　茶叶与鸦片战争　一一六
第三节　华茶出口贸易的衰落　一一八
第四节　传统茶业向近代转化　一二六

第六章
茶香悠远
茶对世界的影响

第一节　日本茶道　一三四
第二节　英国茶产业　一三八
第三节　茶与美国社会　一四六
第四节　俄国茶文化　一五〇

主要参考文献　一五四

目录

第一章 南方嘉木
茶的起源与早期发展

第一节 茶树的起源 〇〇二

第二节 茶业与茶文化的发端 〇〇六

第三节 早期传播与发展 〇一〇

第二章 举国之饮
唐代茶的勃兴

第一节 茶禅一味 〇一八

第二节 陆羽与《茶经》 〇二四

第三节 饼茶与煎茶 〇三〇

第四节 紫笋贡茶与顾渚贡焙 〇四〇

第三章 古典极致
宋元茶的转型

第一节 饼茶向散茶的转变 〇四六

第二节 宋徽宗与《大观茶论》 〇五四

第三节 茶叶专卖制度与茶马互市 〇六二

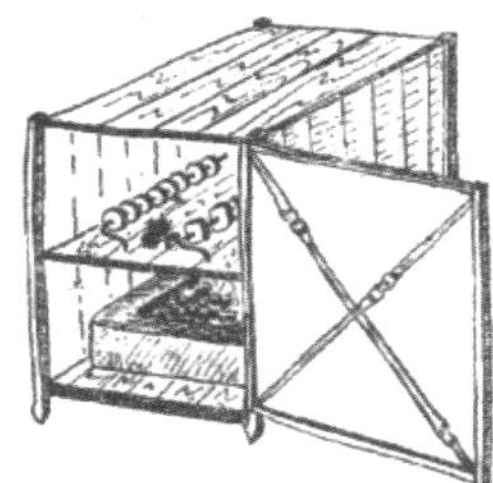

第一章

南方嘉木

茶的起源与早期发展

『茶者，南方之嘉木也。』这是茶圣陆羽《茶经》开篇的一句话，明确指出了茶的来源。中国是茶树原产地，而中国对于世界茶业、茶文化的贡献，不仅仅是这种植物原产自中国，更重要的是中国人的祖先首先发现和利用了茶，并将之用以为饮，发展为业，形成一种独特的文化，继而传诸世界各地。中国是无可置辩的饮茶、茶业和茶文化的发祥地。

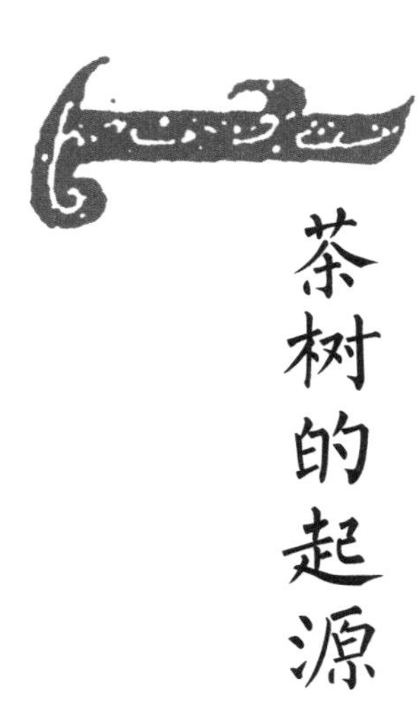

第一节 茶树的起源

茶树是一种多年生常绿木本植物，性喜温热湿润和偏酸性土壤，耐阴性强，在亚热带、边缘热带和季风温暖带均有分布。在植物分类学上，茶树属于山茶科山茶属茶种。国内外学者经过长期实地考察和科学研究，证明了茶树的原产地在中国，其中心就在中国的西南地区。

1753年，著名的瑞典分类学家林奈首次将茶树定名为*Thea sinensis*，意为中国茶树。目前，国际通用的茶树学名为*Camellia sinensis*（L.）Kuntze。*Camellia*，指山茶属；*sinensis*，指中国种。

古木兰是被子植物之源，是山茶目、山茶科茶属及茶种垂直演化的始祖，距今约3540万年。中国云南的景谷是中国乃至世界惟一出土第三纪宽叶木兰（新种）和中华木兰化石的区域。山茶植物就是在木兰植物的基础上演化而来的。

叶、花形态

| 冯卫英　摄 |

第三纪喜马拉雅山运动初期，原始山茶植物随着海拔升高而进行分化，同时进行自然传播。生态环境日趋多样复杂，历经分化，近湿热区的边缘形成了原始茶种——普洱茶种的原始种，即通常所说的大叶种。

据统计，全球已发现的茶组植物有44个种、3个变种，而云南就有35个种、3个变种，其中26个种、2个变种为云南特有种。这些茶种围绕着宽叶木兰化石的发现地，在澜沧江中下游地区连片集中分布，呈现出茶树垂直演化的脉络。而古木兰与茶树垂直演化过程也证明了中国西南地区的澜沧江中下游是茶树的起源地之一。

宽叶木兰化石图像

| 王宪明　绘 |

古茶树资源的大量分布也是茶树原产地的重要依据。《云南省古茶树保护条例》指出：古茶树是指分布于天然林中的野生古茶树及其群落，半驯化的人工栽培型野生茶树和人工栽培的百年以上的古茶园中的茶树。古茶树资源包括野生古茶树、野生古茶树群落、过渡型古茶树、栽培型古茶树及古茶园。20 世纪 50 年代以来，中国西南地区发现了许多古茶树，其中，云南无量山、哀牢山和澜沧江中下游的古茶树资源类型最为丰富。

在澜沧江中下游的茶区中，普洱的古茶树资源面积最大，达 90220 公顷[1]，海拔在 1450 ~ 2600 米。古茶树资源类型以野生茶树和栽培型古茶园为主，其中野生型古茶树及野生型古茶树群落主要分布在海拔 1830 米以上。据统计，普洱野生型古茶树群落共约 5000 公顷，分布在 9 个县区共 40 余处，大部分为天然林，树高 4.35 ~ 45 米，树龄 550 ~ 2700 年。镇沅千家寨古茶树群落、景东花山古茶树群落、景谷大尖山野生古茶树群落等都是比较著名的野生型古茶树群落。其中，镇沅千家寨古茶树群落的野生茶树王，树龄约 2700 年。栽培型古茶树与古茶园是经过长期的自然选择和人工栽培而逐渐形成。普洱市现存仍在利用的古茶园多以栽培型茶树为主。此类茶树为直立乔木，树高 5.5 ~ 9.8 米，树龄 181 ~ 800 年，其中澜沧景迈芒景古茶园已经有 1300 多年的历史。

1　1 公顷=10000 平方米。

云南古茶树山场

| 顾濛　摄 |

除了拥有保存面积最大的野生茶树群落和古茶园、保存数量最多的古茶树和野生茶树，以及完整的古木兰化石和茶树的垂直演化系统，普洱还拥有野生型古茶树居群、过渡型和栽培型古茶园以及应用与借鉴传统森林茶园栽培管理方式进行改造的生态茶园等各个种类的茶树居群类型，形成了茶树利用的发展体系。同时，涵盖了布朗族、傣族、哈尼族等少数民族茶树栽培利用方式与传统文化体系，具有良好的文化多样性与传承性。普洱古茶园与茶文化系统也因此于2012年被联合国粮农组织评选为全球重要农业文化遗产。

乌鲁夫

在《历史植物地理学》中指出：

许多属的起源中心在某一地区集中，指出了这一植物区系的发源中心。

依据这一观点判断，中国西南地区最可能是茶树的原产地。这一区域拥有丰富的野生古茶树、野生古茶树群落、过渡型古茶树、栽培型古茶树及古茶园等资源，以及少数民族传统知识体系和适应技术，为中国作为茶树原产地、茶树驯化和规模化种植发源地提供了有力证据。

第二节 茶业与茶文化的发端

茶的原始利用包括食用、药用和饮用。有观点认为，在茶的原始利用方式中，饮用的出现晚于食用和药用；也有观点指出，茶的食用、药用、饮用之间是不分先后的共存关系。

无论这三种利用方式的关系如何，茶的饮用都是促进茶叶加工与茶树栽培，并使其发展成为茶业的前提和基础。也就是说，饮茶的起源时间应当早于茶树栽培的起源时间。这也符合人们在生产生活实践中对野生动植物驯化的规律。

饮茶到底起源于何时？唐代陆羽是最先指出饮茶起源于何时的人。他认为“茶之为饮，发乎神农氏”，将饮茶的起源时间定义在史前的“神农时代”。

传说，神农曾经尝试百草，最终发现了茶的解毒功效。而所谓的“神农时代”，也就是从旧石器时代晚期至新石器时代的一个阶段。虽然是传说，但茶的饮用确实可能始于新石器时代。至于究竟起源于新石器时代的什么时间和什么地点，古文献中却没有明确记载。

从现有资料来看，中国茶树的原始分布范围虽然很广，在云南、贵州、四川等西南地区都发现了野生大茶树，但在史前的一段很长的时间中，似乎只有巴人和蜀人饮茶。茶树原产地可以是最早发现并利用茶叶的地区，但却不一定是饮茶的起源地。饮茶与茶业的产生需要以一定的文化和技术水平作支撑，其形成需要社会发展至一定程度才能实现。因此，即使云南拥有数量最多的野生茶树，但饮茶起源地却是处于“中国西南地区”这一稍显广阔的范围内。当前主流观点认为，与云南接壤且社会发展水平较高的巴蜀地区似乎更具备饮茶与茶业起源地的条件。

神农执耒图：东汉武梁祠画像石拓[1]
神农，又称炎帝、烈山氏，是中国远古传说中的“三皇”之一。据说他最早教民为耒、耜以兴农业，并尝百草为医药以治百病，是最初发明农业和医药的人。

1 王思明. 世界农业文明史. 北京：中国农业出版社，2019.

巴蜀的范围相当于今四川和重庆所辖的区域，是一个以巴人、蜀族为主，同时包含众多少数部族聚居的地区。

《华阳国志》中一再提到“葭萌”，其实就是蜀人“茶”的方言，后来汉字中称茶的“葭”字、“茗”字，即由蜀人“葭萌”的方言演化而来。此外，“葭萌”也是蜀国郡名，故址在今四川广元，其地北邻甘肃的陇南和陕西的汉中。蜀王将葭萌作为其弟的封国并命名为之封邑，似乎表明在秦亡巴蜀的战国时期，饮茶与茶业不但具有一定发展基础，而且已经向北推进到葭萌等四川北部地区，很可能也发展传播到了今甘肃和陕西。

常璩

《华阳国志·蜀志》载：

巴、蜀国到末代蜀王时，蜀王别封弟葭萌于汉中，号苴侯，命其邑曰葭萌焉。苴侯与巴王为好，巴与蜀仇，故蜀王怒，伐苴侯。苴侯奔巴，求救于秦。……周慎王五年（公元前316年）秋，秦大夫张仪、司马错、都尉墨等，从石牛道伐蜀。蜀王自于葭萌拒之，败绩，王遁走至武阳（今四川彭山），为秦军所害。

常璩《华阳国志·巴志》记载，周武王与居住在巴蜀地区的少数民族共同讨伐殷纣王时，少数民族首领向周武王进贡巴蜀所产之茶，并有“园有芳蒻、香茗”的记载。园中“香茗”可以作为茶树人工栽培的佐证。

张揖《广雅》记载“荆、巴间采茶作饼成，以米膏出之。欲煮饼，先炙令赤色，捣末置瓷器中，以汤浇覆之，用葱姜芼之”，是最早且具体涉及茶类生产、饮俗和茶效等内容的较为丰富的茶史资料。虽然《广雅》成书于三国时期（220—265年），但从其所载内容以及同时代的其他历史文献来看，三国时期如此详细的制茶技术和饮茶方法已经从巴蜀传播至长江中下游的荆楚、吴越地区。而且将“荆、巴”相提并论似乎也表明，今湖北西部和湖南西北的广大地区，茶叶生产的技术水平和饮茶习俗的发展面貌，均已与巴蜀茶文化相互融合。据此推测，巴蜀先民在秦代甚至先秦时期不仅具备了发明制茶技术的条件，而且很可能已经发明了制茶技术和饮茶方法，甚至上升到茶文化的高度。

茶叶在被发现以后，经历了由采集到栽培，由不加工到加工、储存，由小规模生产到流通交换，再到逐步形成茶业和茶文化，全都离不开巴蜀先民的贡献。因此，茶史专家朱自振先生提出：“巴蜀是中国茶业与茶文化的摇篮。”

春秋原始瓷弦纹碗

| 中国茶叶博物馆藏 |

原始瓷最早出现于商周时期，发展至春秋时期已十分成熟。陆羽《茶经·九之事》中就有春秋时期晏子饮茶的记载。

第三节 早期传播与发展

明末清初学者顾炎武提出，『秦人取蜀而后，始有茗饮之事』。从巴蜀先民发明饮茶直至秦人灭蜀，限于交通条件不便等原因，茶仅局限于巴蜀一地。或者说，这一时期茶是以巴蜀为中心的地方性饮料。而改变这一状态最直接的因素则是征伐战争。

历史上的中国军队绝大多数由农民组成。大军所到之处，军士们除了完成攻城略地的军事任务，自然也会注意到当地的特有物产，学习其食用方法，甚至将种子带回原籍试种。正是有赖于此，秦惠王后元九年（公元前316年）“秦人取蜀”之后，“茗饮之事”开始向巴蜀以外的地区传播开来。

秦汉时期，虽然黄河流域在经济文化发展等方面均优于地广人稀的长江流域，但茶的传入并未引起北方文人的重视。当时江淮以北的中原地区还未种植茶树，也不太饮茶，甚至到了唐代初期，文献记载还称“南人好饮之，北人初不多饮”。

与之相比，茶在长江流域的传播则较为顺畅。汉代已传至中游地区，而在魏晋南北朝时期的下游江浙一带，茶已被作为商品出售，并用于招待客人、郊外宴游、礼制祭祀等活动。从王褒《僮约》“武阳（今四川彭山）买茶”可见，各茶区除草市茶叶交易之外，巴蜀各地已然形成一批诸如“武阳”的茶叶专门集散中心或市场。今天的湖南茶陵也是以其地多茶而得名。由此可见，茶叶生产已经从与重庆、湖北接壤的湖南西部地区，扩展到今湖南东南茶陵周围以及与之相邻的江西地区。茶陵县也是汉茶陵侯的封地，封邑名“茶王城”。茶陵县有茶山、茶水，《史记》载炎帝葬于今湖南炎陵县的“茶山之野”，也称“茶山”。

墨书“梢笥”签牌

| 王宪明　绘，原件出土于长沙马王堆3号墓 |

“梢”或可释为“槚”，是说这件竹笥中盛的就是茶叶。这表明，西汉时这一带不但已经种茶、业茶、尚茶，而且茶业已经发展到一个相当高的阶段。

至三国年间，茶的饮用和生产进一步向东拓展，到了今长江下游的南京和苏州一带。

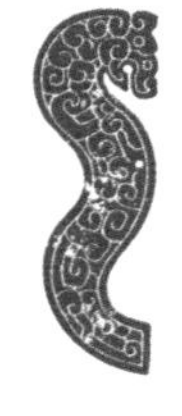

《吴书·韦曜传》关于“以茶代酒”的最早记载：

皓每飨宴，无不竟日。坐席无能否率以七升为限，虽不悉入口，皆浇灌取尽。曜素饮酒不过二升，初见礼异时，常为裁减，或密赐茶荈以当酒。

三国时的吴国君孙皓，好饮酒，每次设宴，座客至少饮酒七升。韦曜原名韦昭，是孙皓颇为器重的朝臣（后被皓诛），其酒量不过二升，孙皓对他极为优待，经常为其裁减酒量，准其少喝，甚至偷偷赐茶以代酒。

东晋至南朝，茶业与饮茶文化进一步沿长江向下游传播和发展。《吴兴记》所记的乌程（今浙江湖州市），《夷陵图经》所记的黄牛（在今湖北武昌西北）、荆门、女观（在今湖北江陵县北）、望州（在今湖北宜昌市西）等地，都是重要的名茶产地。这一时期，人们饮茶时不但注重对水的选择，而且对茶具的产地、匏瓢（扬水舀汤）的式样、烹茶的火候和汤面等都提出了具体要求。东晋杜育《荈赋》载：“水则岷方之注，挹彼清流。器择陶简，出自东隅。酌之以匏，取式公刘。惟兹初成，沫沈华浮。焕如积雪，晔若春敷。”这是现今文献中有关饮茶用水、茶具、烹煮、茶汤等如何讲究的最早系统记载。

这一时期，有关茶的笔记小说频繁出现。如东晋干宝《搜神记》中记述的夏侯恺死后回家向家人索茶喝的故事；《神异记》中谈到的浙江余姚人虞洪入山遇仙人丹丘子指点采摘大茗的故事；南朝宋刘敬叔《异苑》载有剡县（今浙江嵊州）陈务妻以茶奠飨古冢获报的故事等。

《广陵耆老传》有一则记载：晋元帝司马睿在位时，扬州一老妇每天早晨独自提一个罐子到市上卖茶，路人争相购买，然而从早至晚，老妇罐中之茶都不见减少，她则把茶钱分给路边的孤贫乞人。人们见此事怪异，即将其关进监牢。到了夜里，老妇拿着装茶的罐子从狱中飞了出去。可见晋代茶已成为市场上贩售的商品，饮茶的习俗也已普及到平民阶层。

南朝青釉点褐彩碗与茶托

| 中国茶叶博物馆藏 |

碗口沿一圈点褐彩装饰，器内底刻莲瓣纹。南朝时期，瓷器流行以褐彩作装饰，同时受佛教文化影响，陶瓷上大量出现莲瓣装饰。

两晋南朝时期，在长江中下游地区，茶已不仅限于单纯的日常饮品，而是上升到了对道德、伦理、品格、情操的某种寄托和追求等精神层面。如《晋书》载，晋代吴兴太守陆纳招待卫将军谢安“所设唯茶果而已”，其兄子俶随即又将其私备的珍馐盛馔以宴。谢安去后，纳杖俶四十，怪他“秽吾素业”。东晋权臣桓温“每宴惟下七奠柈茶果而已”。表明至东晋时，面对高门豪族的骄奢淫逸，少数怀揣抱负的重臣，赋予茶节俭的象征，称以茶当酒、茶果代宴为“素业”，倡导以尚茶来戒抑骄奢的社会风气。

茶叶向来被视为圣洁之物，因此还成为人们在祭祀之中表达敬意、祈福和寄托哀思的最好方式和内容。祭祀是指向天神、地祇、宗庙等对象祈福消灾的传统礼俗仪式，是从史前时代起即被创立的传统。祭祀所用的祭品以食物为主，从《礼记・祭统》所记载内容来看，“水草之菹，陆产之醢，小物备矣。三牲之俎，八簋之实，美物备矣。昆虫之异，草木之实，阴阳之物备矣”。凡天之所生，地之所长，均可作祭品之用。由此看来，将茶作为祭品，也是自然之事。

以茶敬供神灵和祭祖祀圣，在民间早已出现，到南朝时发展成为政府推行的一种正式礼制。据唐代李延寿《南史》记载，南朝齐武帝萧赜曾下诏规定太庙四时祭的祭品，“永明九年，诏太庙四时祭，宣皇帝荐起面饼鸭臛，孝皇后荐笋鸭卵脯酱炙白肉，高皇帝荐肉脍葅羹，昭皇后荐茗粣炙鱼。并生平所嗜也”。高皇帝指萧道成，萧赜的父亲，原为南朝刘宋权臣，建元元年（479 年）代宋后改国号为齐。昭皇后是萧赜的母亲，名刘智容，其父刘寿也是刘宋大臣。在祖宗灵位前供奉他们生前喜好的食物是民间习俗，从萧赜开始，此习俗用于王室的祭祀活动。此后，齐武帝为抑制贵族奢靡厚葬之风，在永明十一年（493 年）颁布的遗诏中也明确规定：“我灵上慎勿以牲为祭，唯设饼、茶饮、干饭、酒脯而已”，并强调“天下贵贱，咸同此制”。这也是史籍中所见现存最早的一份由皇帝亲自颁令，有助推动茶业生产和倡导推行茶叶礼制的上谕。

两晋南北朝时期，茶业和茶文化已经有了长足发展。虽然其中很多情况仅限于南方地区，但是茶业和茶文化至少可以视作一种流行于中国南方的区域性行业和文化现象了。

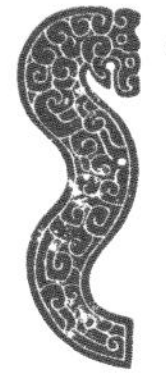

《世说新语》关于“客来敬茶”的最早记载：

任育长年少时，甚有令名。武帝崩，选百二十挽郎，一时之秀彦，育长亦在其中。王安丰选女婿，从挽郎搜其胜者，且择取四人，任犹在其中。童少时神明可爱，时人谓育长影亦好。自过江，便失志。王丞相请先度时贤共至石头迎之。犹作畴日相待，一见便觉有异。坐席竟，下饮，便问人云：“此为茶为茗？”觉有异色，乃自申明云：“向问饮为热为冷耳。”

任育长，年少时风流俊秀，名声极好，但因晋武帝之死或受到战争的刺激，自从跟随晋室过江南渡以后，便神情恍惚、失魂落魄。丞相王导邀请先前南渡的名士一同至石头城（今南京清凉山）迎接他，仍像往日一样对待他，但是一见面就发觉育长有些变化。待安排好坐席之后，献上茶。育长疑惑，便问旁人：“这是茶，还是茗？”发觉旁人表情异常时，便自己申明：“刚才只是问茶是热还是冷罢了。”

可见任育长极重感情，同时他对南方“下饮”表现出不解，其中缘由或许是当时以茶待客的习俗仅限于南方，还未在全国普及；或许当时当地不存在茶与茗的区别问题；又或许如关剑平先生所说，“下饮”既非茶亦非茗，而是酒。虽然对“下饮”所指尚无定论，但将“坐席竟，下饮”视作“客来敬茶”的雏形亦无不可。

第二章

茶国之饮

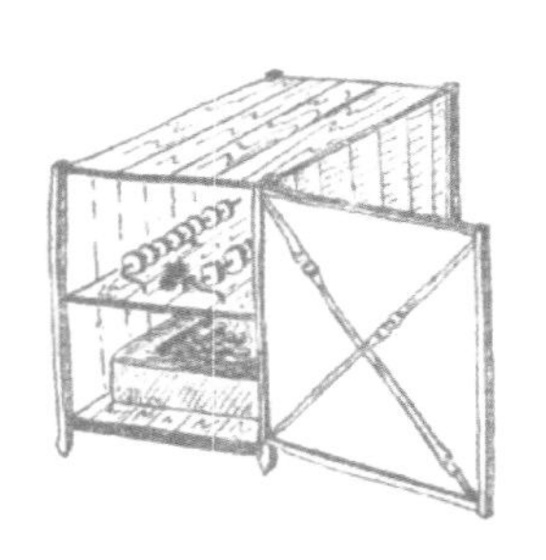

唐代茶的勃兴

中国茶业发展通常有『兴于唐』或『盛于唐』的说法。在禅宗和陆羽《茶经》的助推下，茶业与茶文化在唐代、特别是中唐以后出现了一个飞跃发展。这一时期，北方黄河中下游仍是人口较多且经济、文化发展水平较高的地区，因此北方饮茶的兴盛和普及程度的提高，对南方茶业和全国茶文化的发展与提升，具有积极的促进作用。南北相互促进，协同发展，共同开创了茶成为举国之饮的新局面。

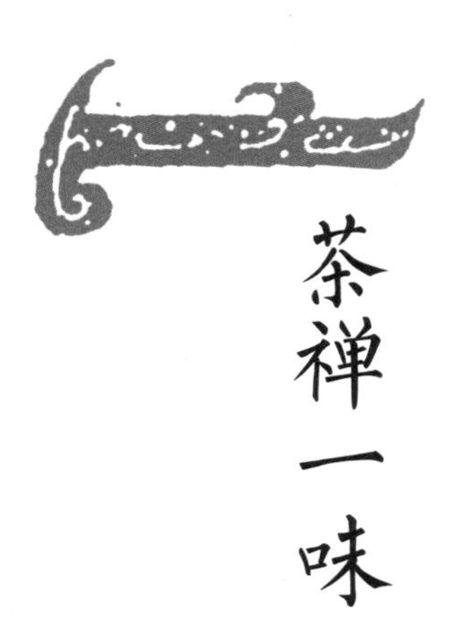

第一节 茶禅一味

禅宗以茶为凭借向世人传递禅机，禅机与茶性相通，禅宗『拈花微笑』与茶的『立时清净』中都透露着无可言说的智慧。佛法存于茶汤，在酽茶三五碗中品得无上禅机，也即茶禅一味。茶与佛教在相互影响和促进下共同发展，最终形成了融合茶与佛教两种文化内涵的茶禅文化。

唐代以前，茶在南方已经颇为流行，但在北方仍发展缓慢，这种局面直到中唐以后才得以改观。唐代杨晔《膳夫经手录》载："茶古不闻食之，近晋宋以降，吴人采其叶煮，是为茗粥。至开元、天宝之间，稍稍有茶，至德、大历遂多，建中已后盛矣。"建中（780—783年）以后，南北茶叶贸易勃兴，"茶自江、淮而来，舟车相继，所在山积""商贾所赍，数千里不绝于道路"。

从"秦人取蜀"至唐开元之前，茶在北方虽已出现了千年之久，但仍未被当作日常饮品。有笔记小说记载：隋文帝年幼时生病头痛，要靠煮茗草方能痊愈，有人竞相采茶进献，期望借此谋求赏赐。可见隋代北方仍不大饮茶，怎么会在开元以后突然出现一个迅速发展的高潮？

这当然有很多原因，比如国家的统一、交通的发达、经济的发展，又或者是前期各种量变的积累导致突然的质变。在这诸多因素中最重要的莫过于人们对茶的需求。茶是一种日常饮品，其发展首先取决于人们的社会生活需求。

唐代开元年间（713—741年），泰山灵岩寺有降魔师向弟子传授禅教。学禅时要求保持头脑清醒，不能打瞌睡，且不能吃晚餐，但是允许饮茶，而饮茶本就可以提神。当时的饮茶方法是把茶叶粉碎后加入调料一同煮沸喝下，类似喝粥，因此又能缓解饥饿感，这就为饮茶的流行提供了契机。此后，人们互相仿效，逐渐将饮茶发展成为一种时尚。

泰山灵岩寺始建于东晋，北魏时已名扬在外，隋文帝曾巡幸于此。唐高宗李治与武则天封禅泰山之时（665年），曾率数千人驻跸寺十天，可见灵岩寺的声名与地位之高。它对禅教传播与饮茶都具有强大的引导力。

唐代长沙窑青釉“茶埦”

| 中国茶叶博物馆藏 |

器型与别的碗无异，碗内底心有“茶埦”二字刻款，是此类型碗作为茶碗的有力证明。

禅教是佛教中禅宗的一支。禅宗讲求人在世俗生活中能够不以物移，保持心性本净，达到自由无碍的境界。安史之乱以后，对于受兵灾危害尤深的黄河流域人民来说，禅宗“顿悟成佛”的理念仿佛是他们惨淡生活中的一束光，令其在失望和麻木中如获攀登天国的云梯。故而，禅宗大盛。

茶作为可以洗涤尘烦的灵物，随同禅宗一起盛行起来，从山东、河北等地区渐渐发展到京城，风行于北方广大城镇和乡间。至天宝和至德年间（742—758年），在西安、洛阳一带，茶已发展成为“比屋之饮”。长庆年间（821—824年），左拾遗李珏称“茶为食物，无异米盐”。不只如此，至大中年间（847—860年），“今关西、山东闾阎村落皆吃之，累日不食犹得，不得一日无茶”。

唐代白釉煮茶器 · 河南洛阳出土

| 中国茶叶博物馆藏 |

此系明器，由茶碾、茶炉、茶釜以及茶盏托组合而成。茶碾为瓷质，碾槽座呈长方形，内有深槽。碾轮圆饼状，中穿孔，常规有轴相通。碾槽及碾轮无釉，余皆施白釉。

此外，边茶贸易也越发繁荣，《唐国史补》中就有西番赞普向唐使出示寿州、舒州、顾渚等茶叶的记载；《封氏闻见记》中记有“流于塞外”“回鹘入朝，大驱名马，市茶而归”等史实。可见中唐以后，茶已经成为平民日常的饮品。

与此同时，饮茶在北方的兴盛和普及又刺激了南方的茶叶生产。在与中原交通最为便捷的江淮地区，凡有山的地方都开始种植茶叶，从业者十之七八，且向商品性生产的大型茶园发展。有些名山名寺小规模少量生产的名茶，也因市场的需要，发展为大规模专业性生产。茶叶的产销也形成了专门的主销区域或固定的流向，出现了产有所专、销有所好的产供销系统。这在唐代其他商品贸易中实属少见。

鎏金莲瓣银茶托

丨中国国家博物馆藏丨

茶托宽平沿，浅腹，圈足,平面呈五曲花瓣形，边缘微向上卷。其圈足内刻“左策使宅茶库金涂拓子壹拾枚共重玖拾柒两伍钱一”。同出的鎏金饮茶托共7件,其中一件圈足内錾刻“大中十四年八月造成浑金涂茶拓子一枚金银共重拾两捌钱叁分”，另五件刻“左策使宅茶库一”，这些器物形制基本相同，出土于唐长安城平康坊东北隅，为唐宣宗大中十四年（860年）前后左策使茶库之用具。

禅教与茶之间千丝万缕的关联促使禅僧在寺院内种茶、制茶、饮茶，将茶作为禅修的一部分。禅茶渊源之深还体现在禅教中多有禅师以茶为媒介进行传法以助人禅悟的公案，其中最著名的当属“吃茶去”。

二

《景德传灯录》《五灯会元》载“吃茶去”公案：

据茶文化学者沈冬梅统计，《景德传灯录》中记录了20多次禅师用“吃茶去”进行传法，或回答关于佛法大义、禅宗真谛等问题。如以下三则。

其一：

虔州处微禅师。……问仰山：“汝名什么?”对曰：“慧寂。”师曰：“那个是慧？那个是寂?”曰：“只在目前。”师曰：“犹有前后在。”对曰：“前后且置，和尚见什么?”师曰：“吃茶去。”

其二：

福州闽山令含禅师，初住永福院。上堂曰：“还恩恩满，赛愿愿圆。”便归方丈。僧问：“既到妙峰顶，谁人为伴侣?”师曰：“到。”僧曰：“什么人为伴侣?”师曰：“吃茶去。”

其三：

明州天童山咸启禅师。……伏龙山和尚来。师问：“什么处来?”曰：“伏龙来。”师曰：“还伏得龙吗?”曰：“不曾伏这畜生。”师曰：“吃茶去。”

《五灯会元》中记录的赵州从谂禅师“吃茶去”公案：

师问新到僧：“曾到此间么?”曰：“曾到。”师曰：“吃茶去!”又问僧，僧曰：“不曾到。”师曰：“吃茶去!”后院主问曰：“师父，为什么曾到也云吃茶去，不曾到也云吃茶去?”师招院主，主应诺。师曰：“吃茶去!”

与“吃茶去”公案相较，“酽茶三五碗”也有着异曲同工之妙。如杭州佛日和尚在夹山善会（805—881年）处参禅遇普茶时，就用到了“酽茶三五碗”：

杭州佛日和尚。……一日大普请，维那请师送茶。师曰：“某甲为佛法来，不为送茶来。”维那曰：“和尚教上座送茶。”曰：“和尚遵命即得。”乃将茶去作务处，摇碗作声。夹山回顾。师曰：“酽茶三五碗，意在镬头边。”夹山曰：“瓶有倾茶意。篮中几个瓯。”师曰：“瓶有倾茶意。篮中无一瓯。”便倾茶行之。时大众皆举目。

唐昭宗时，陆希声拜访沩仰宗祖师之一仰山慧寂禅师，慧寂也用“酽茶三五碗”来讲佛法禅意：

问：“和尚还持戒否？”师云：“不持戒。”云：“还坐禅否？”师云：“不坐禅。”公良久。师云：“会吗？”云：“不会。”师云：“听老僧一颂：滔滔不持戒，兀兀不坐禅。酽茶三两碗，意在镬头边。”

禅宗初代祖师达摩及第二代祖师慧可

| 王宪明　绘 |

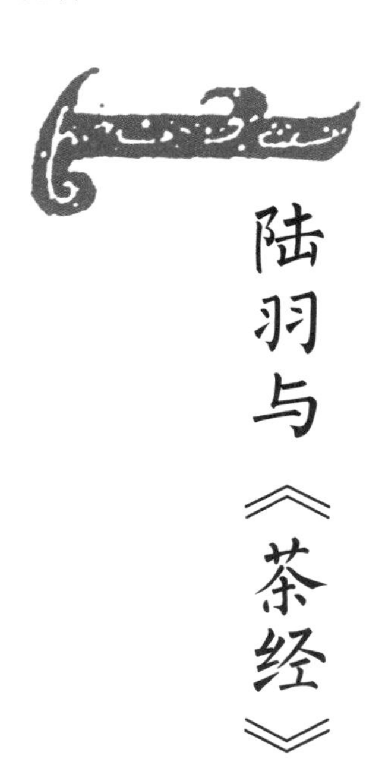

第二节 陆羽与《茶经》

陆羽（733—804年），字鸿渐，复州竟陵县（今湖北天门）人。陆羽生活的年代适逢北方饮茶、南方种茶以及南北茶叶贸易迅速发展的时期。当时社会迫切需要一部能够全面介绍茶叶的著作，他写的《茶经》应时而出，正好填补了这一空白。

据说陆羽是弃婴，因被智积禅师收养，而随智积禅师姓陆。成年以后，再由《易经》卦辞“鸿渐于陆，其羽可用为仪”，得其名和字。至德初年，陆羽因避安史之乱移居江南，上元初隐居苕溪（今浙江湖州）草堂。在湖州隐居期间，他与诗僧皎然、张志和、孟郊、皇甫冉等学者多有交往，又入湖州刺史颜真卿幕下，参与编纂《韵海镜源》。《茶经》三卷就是成书于此时。

陆羽博学多闻，涉猎广泛，一生著书颇多，但以《茶经》最著名。《新唐书》称《茶经》一出而“天下益知饮茶”。宋人陈师道在《茶经序》中说：“茶之者书自羽始，其用于世亦自羽始，羽诚有功于茶者也。”

陸羽事蹟十一則 外附盧仝

竟陵僧於水濱得嬰兒育爲弟子稍長自筮得蹇之漸繇曰鴻漸於陸其羽可用爲儀乃姓陸氏字鴻漸名羽及冠有文章茶術最精

陸羽承天府沔陽人老僧自水濱拾得畜之既長自筮曰鴻漸於陸其羽可用爲儀乃以定姓字郡守李齊物識羽於僧舍中勸之力學遂能詩雅性高潔不樂仕進嗜茶善品泉味

陸羽復州人隱苕上稱桑苧翁又號竟陵子杜門著書或行吟曠野或痛哭而歸有茶經傳世凡三篇言茶之原之法之具尤備天下益知茶飲矣

茶史卷一　一

陆羽事迹十一则：清代刘源长《茶史》，蒹葭堂藏本

茶神陆羽瓷像线图

| 王宪明　绘 |

陆羽因著《茶经》闻名于世，被誉为茶圣、茶仙、茶神。李肇在《唐国史补》中记载，唐代后期江南就有在茶库里供奉陆羽为茶神的。还有卖茶人将陶瓷做的陆羽像（即茶神像）供在茶社旁，生意好的时候用茶祭祀，也用作赠品，生意不好的时候就用热开水浇灌，正是“买数十茶器得一鸿渐，市人沽茗不利，辄灌注之”。

茶神陆羽所著《茶经》，是唐代记述茶树栽培和茶叶加工方法的专著，也是世界上第一部茶学全书。初稿约完成于上元初年（760 年），此后历经近 20 年的持续修订，至建中元年（780 年）付梓。《茶经》分上、中、下卷，共 10 部分，全文 7000 余字。

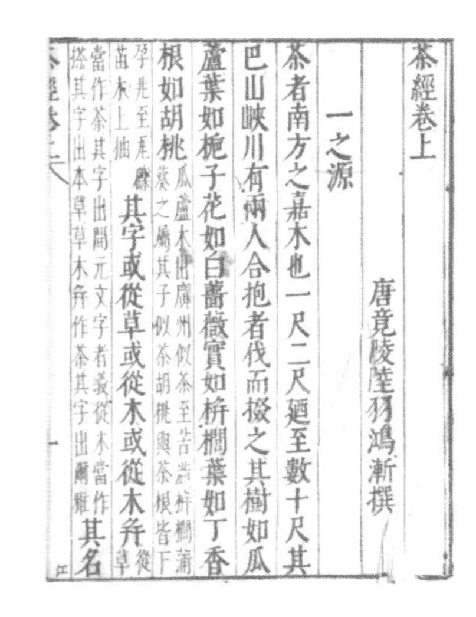

茶經卷上

唐竟陵陸羽鴻漸撰

一之源

茶者南方之嘉木也一尺二尺迺至數十尺其巴山峽川有兩人合抱者伐而掇之其樹如瓜蘆葉如梔子花如白薔薇實如栟櫚葉如丁香根如胡桃瓜蘆木出廣州似茶至苦澁栟櫚蒲葵之屬其子似茶胡桃與茶根皆下孕兆至瓦礫苗木上抽其字或從草或從木或并從草當作茶其字出開元文字音義從木當作搽其字出本草草木并作茶其字出爾雅其名

陆羽《茶经》：出自明喻政辑《茶书》（万历四十一年喻政自序刊本）

卷上

“一之源”，论证茶树的起源、名称、性状以及茶叶品质与土壤环境的关系，并简述茶的保健功能等。

“二之具”，罗列茶叶采制所用的工具，详细介绍了唐代采制饼茶所需的十九种工具名称、规格和使用方法。

“三之造”，介绍饼茶采制工艺，成茶外貌、等级和鉴别方法。

景德镇青白瓷陆羽茶器套组

| 摄于中国国家博物馆 |

卷中

“四之器”，介绍煎茶饮茶所用的器具，详细叙述了茶具的名称、形状、材质、规格、制作方法和用途等，在列举茶具的同时也制定了饮茶的规矩和品鉴标准，并对各地茶具优劣进行比较。

茶臼

风炉和茶釜

茶臼、风炉和茶釜

| 中国国家博物馆藏 |

这套白瓷茶具是陪葬用的模型，分别是研碾茶末的茶臼、煎茶用的风炉和茶釜。

卷下

“五之煮”，记载唐代煎茶方法，包括烤茶方法、茶汤调制、煎茶燃料、用水、火候等。

“六之饮”，记载饮茶习俗，叙述饮茶风尚的起源、传播和饮茶方法，并指出当时茶有“粗茶、散茶、末茶、饼茶”等类型。

“七之事”，汇辑陆羽之前有关茶的历史资料、传说、掌故、诗文、药方等，其中引用了三国魏张揖《广雅》中关于制饼茶和饮用方式的记载，为了解唐以前制茶、饮茶方法提供了依据。

“八之出”，将唐代全国茶叶生产区域划分成八大茶区，列举各产地及所产茶叶的品质优劣。

“九之略”，论述在实际情形下，茶叶加工和品饮的程序和器具可因条件而异。

“十之图”，将上述九章内容绘在绢素上，悬于茶室，使得品茶时可以亲眼领略《茶经》内容。

茶經卷下

六之飲

翼而飛毛而走呿而言此三者俱生於天地間
飲啄以活飲之時義遠矣哉至若救渴飲之以
漿蠲憂忿飲之以酒蕩昏寐飲之以茶茶之爲
飲發乎神農氏聞於魯周公齊有晏嬰漢有楊
雄司馬相如吳有韋曜晉有劉琨張載遠祖納
謝安左思之徒皆飲焉滂時浸俗盛於國朝兩
都并荆俞（俞當作渝巴渝也）間以爲比屋之飲飲有觕
茶散茶末茶餅茶者乃斫乃熬乃煬乃舂貯於

瓶缶之中以湯沃焉謂之痷茶或用葱薑棗橘
皮茱萸薄荷之等煮之百沸或揚令滑或煮去
沫斯溝渠間棄水耳而習俗不已於戲天育萬
物皆有至妙人之所工但獵淺易所庇者屋屋
精極所著者衣衣精極所飽者飲食食與酒皆
精極之茶有九難一曰造二曰別三曰器四曰
火五曰水六曰炙七曰末八曰煑九曰飲陰採
夜焙非造也嚼味嗅香非別也羶鼎腥甌非器
也膏薪庖炭非火也飛湍壅潦非水也外熟內

茶經卷下　七

陆羽《茶经》：出自明喻政辑《茶书》（万历四十一年喻政自序刊本）

陆羽之前，中国饮茶无道，业茶无著。他辑前人所书，汇各地经验，在《茶经》中对迄至唐代茶叶的历史、产地、栽培、采摘、制造、煎煮、饮用、器具、功效以及茶事等都做了扼要的阐述，囊括了茶叶从物质到文化、从技术到历史的各个方面。

《茶经》的问世不但总结了古代饮茶的经验，归纳了茶事的特质，而且奠定了中国古典茶学的基本构架和茶道的规矩，将此前零散的知识和经验，整理、充实成一门系统的学科，构建了较为完整的茶学体系，对后世茶叶著作极具参考价值。其中与农业有关的部分，如种植茶树最适宜的土壤、采摘时期、采茶时对天气和叶质的要求、制茶杀青的方法等，都合乎科学道理，有些原理仍为现代制茶工业所广泛应用。

此外，陆羽撰《茶经》还开创了“为茶著书”的先河，从此以后撰写茶书蔚然成风，皎然撰《茶诀》，张又新写《煎茶水记》，温庭筠撰《采茶录》，毛文锡写《茶谱》。这些茶书共同构建了中国古典茶学的基础。

《茶经》还极大地推动了唐代以后茶叶生产和饮茶文化在国内外的传播，促进了中国与周边民族和世界各国经济、文化的交往，是享誉世界的“茶叶百科全书”。

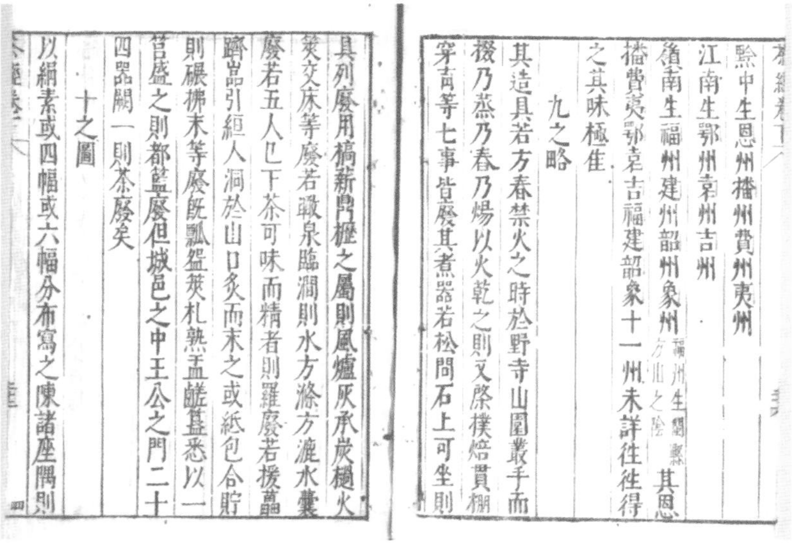
黔中生恩州播州費州夷州
江南生鄂州袁州吉州
嶺南生福州建州韶州象州福州生閩縣方山之陰 其恩
播費夷鄂袁吉福建韶象十一州未詳往往得
之其味極佳
九之略
其造具若方春禁火之時於野寺山園叢手而
掇乃蒸乃舂乃煬以火乾之則又棨撲焙貫棚
穿育等七事皆廢其煮器若松間石上可坐則
具列廢用槁薪鼎鑩之屬則風爐灰承炭檛火
筴交床等廢若瞰泉臨澗則水方滌方漉水囊
廢若五人已下茶可味而精者則羅廢若援藟
躋嵒引絙入洞於山口炙而末之或紙包合貯
則碾拂末等廢既瓢盌筴札熟盂鹺簋悉以一
筥盛之則都籃廢但城邑之中王公之門二十
四器闕一則茶廢矣
十之圖
以絹素或四幅或六幅分布寫之陳諸座隅則

陆羽《茶经》：出自明喻政辑《茶书》（万历四十一年喻政自序刊本）

第三节 饼茶与煎茶

中国饮茶能够称艺成道，自陆羽《茶经》始。陆羽称茶有粗茶、散茶、末茶、饼茶等类型。现代制茶工艺出现之前，茶叶一直按照是否压制成型分类，具体包括饼茶、散茶、末茶、芽茶。饼茶和散茶相对，饼茶是压成饼的茶，散茶是不压成饼、松散的茶，末茶、芽茶、叶茶都可以归为散茶。饼茶与芽茶、叶茶之间没有明确的分期，而是同时存在。至于朱元璋诏令『罢造龙团，惟令采茶芽以进』，并不是说唐宋时期都喝饼茶，明代以后统一改喝芽茶、叶茶，而只是统治阶层历代传承的一个习惯性规定。又因古往今来，人们对唐宋茶类的关注都在饼茶上，相关文献和茶具珍品大都关于饼茶，给人一种唐宋只喝饼茶的印象。配合饼茶，唐代专有一套茶叶的饮用方法，称为煎茶。

饼茶是将鲜叶经过蒸、压、研、造、焙等程序而形成的一种蒸青紧压茶。唐代以后，饼茶的发展进入繁荣期。陆羽在《茶经·三之造》中详细说明了蒸青饼茶的制作工艺，具体包括采、蒸、捣、拍、焙、穿、封等程序。

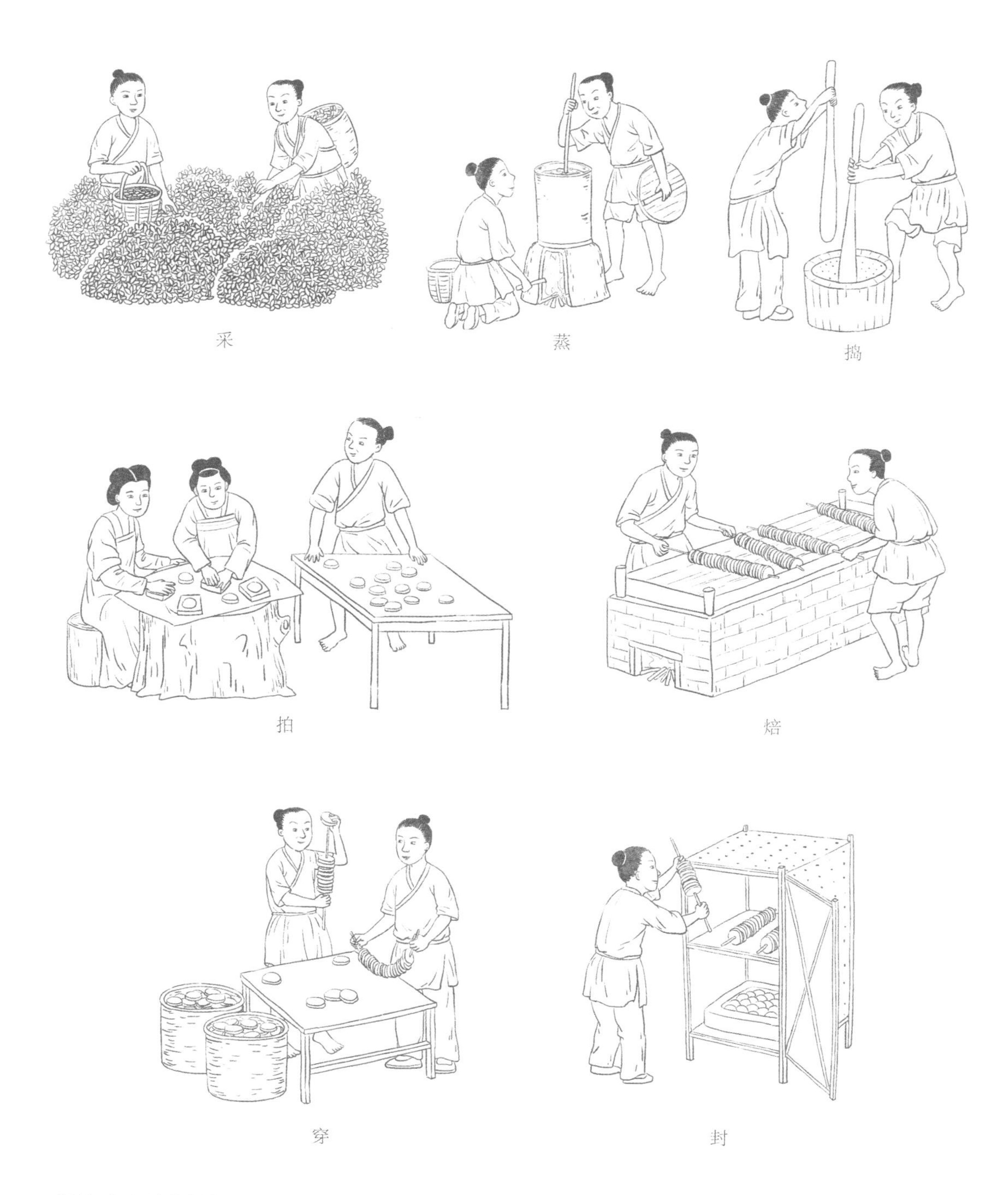

《茶经》记述的饼茶制作工艺图

丨王宪明　绘丨

采

采茶须选在“二月、三月、四月之间”晴而无云之日，“有雨”或“晴有云”时均不采。采茶者需背负竹制的籝以盛放所采鲜叶。籝，或称篮、笼、筥，容量分为五升、一斗、二斗或者三斗。

籝

蒸

鲜叶采摘之后，用甑“蒸之”，即现代制茶工艺中的杀青。甑为木质或陶制，甑内用竹篾系着一个篮子状的箄。蒸茶时，将芽叶置于箄中，蒸好后将芽叶取出摊散，以免汁液流失。

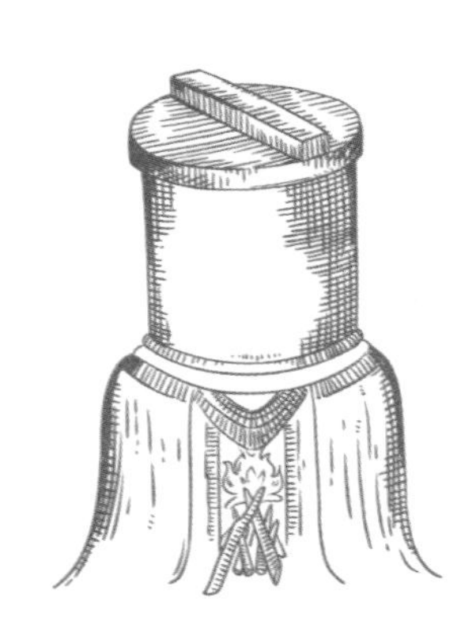

灶、釜、甑

捣、拍

将蒸过的茶叶用杵臼（或称碓）捣碎，然后用具有各种花纹、形状的铁制模具规（或称模、棬），在石制的承（或称台、砧）上拍压成型。拍压造茶时需要将油绢等材料制成的襜（或称衣）置于承上，再将规置于襜上，以便茶饼成型后“举而易之”。皮日休曾作《茶具十咏》，其中《茶舍》一篇有“乃翁研茗后，中妇拍茶歇”之句。说明唐代茶户制茶也不全是男人的事，如果男女共同制茶还会有所分工，如捣掘茶叶的力气活由男人干，用模具把茶拍压成型是精细活，适于女人做。

规和承

焙

茶饼拍压成型后需“焙之”。“焙”，即为干燥，分为初焙和烘干两道程序。初焙是将拍好的茶坯放置于竹编的芘莉（或称籯子、篣筤）上进行初步烘干，然后用锥刀（或称棨）将初焙过的茶饼穿孔，并用竹鞭（或称扑）或竹贯穿好后挂于木制的棚（或称栈）上进一步干燥。

穿、封

待茶饼干燥之后，将其用竹或树皮搓成的绳索穿好，置于育中予以保存。育，是指编有竹篾、糊有纸的木质框架，上有盖、中有隔、下有底，旁边有一扇可以开闭的门，中间有一个可以盛放热灰火的容器。热灰火，即没有火焰的暗火，用这种暗火焙茶，有利于保持较低的温度。

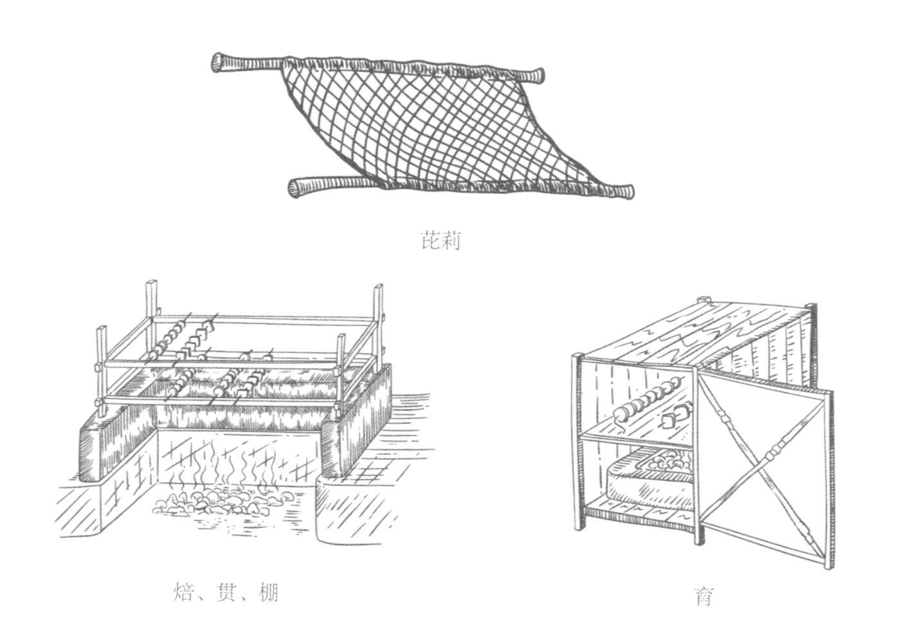

芘莉

焙、贯、棚

育

| 〇三二至〇三三插图由王宪明按吴觉农《茶经述评》所列绘制 |

配合饼茶，唐代专有一套茶叶的饮用方法，称为“煎茶”。煎茶法的主要程序有择水、备器、炙茶、碾茶、罗茶、煮茶和酌茶等。

择水

俗话说，水为茶之母。水在激发茶叶品质方面具有极大功用，好品质的水具有弥补茶叶本身不足的功能，而低品质的水则会对茶品造成不利影响。对于烹茶之水的认知，历代茶叶著作中均有相关记载，且其中观点大多依然为今人所认同。至于如何择水、品水等具体内容，将在第四章的“品鉴艺术”一节加以说明，此处不赘述。

备器

在陆羽《茶经·四之器》中列出了28种煮茶和饮茶器具，中国现代茶业奠基人吴觉农先生将其分为8个类别，分别是生火用具，煮茶用具，烤茶、碾茶和量茶用具，盛水、滤水和取水用具，盛盐、取盐用具，饮茶用具，盛器和摆设用具以及清洁用具。

炙茶

炙烤茶饼时，将茶饼夹住，靠近火焰，并时时翻转，至茶饼上出现如“虾蟆背”状的泡，然后离开火焰五寸[1]，待卷缩的茶饼逐渐舒展开以后，再按照上述方法烤炙一次。焙干的茶饼需烤至水汽蒸发，晒干的茶饼则烤至柔软即可。烤茶期间，需保持火焰稳定，以免使茶饼受热不匀。烤好之后的茶饼需要趁热放入纸袋中保存，以免茶香散失，待冷却后再行碾磨。经过炙烤的茶饼既有利于碾磨成末，又能有效消除茶饼的青草气，从而激发茶香。

---

1 1寸=3.33厘米。

风炉：煮茶小火炉

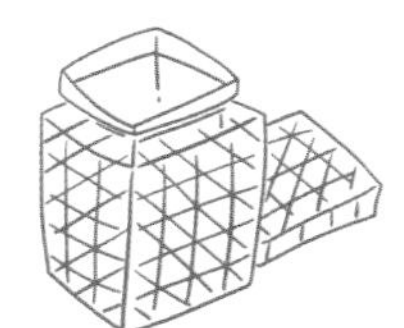
筥：放风炉的器具

炭檛：敲碎木炭用

火筴：取风炉中的炭

鍑：用以煮水

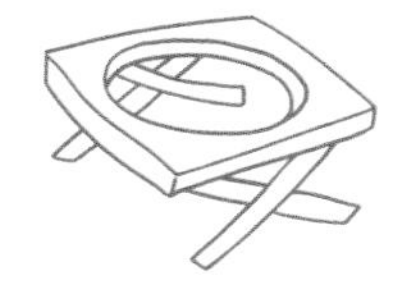
交床：固定鍑于风炉

竹筴：击打茶汤

夹：夹茶饼灸茶

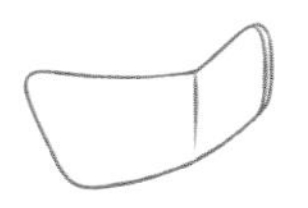
纸囊：包装烤好的茶饼

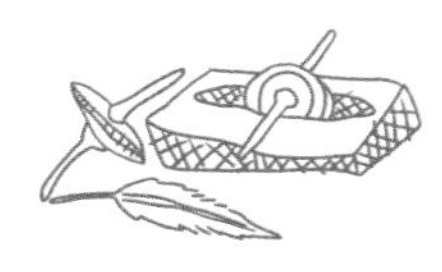
碾、拂末：用以碾茶和清理茶末

罗合：用于筛茶，储存茶末

则：度量茶末

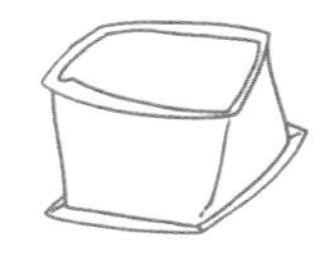
水方：用以储生水

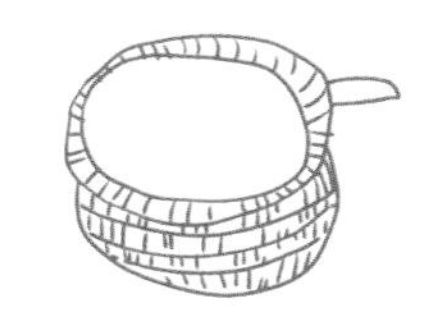
漉水囊：过滤水

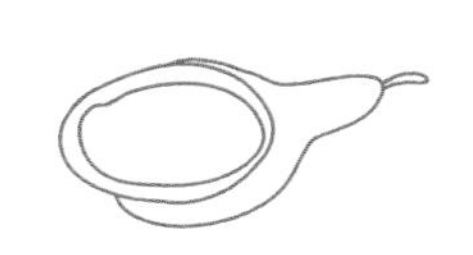
瓢：盛水用具

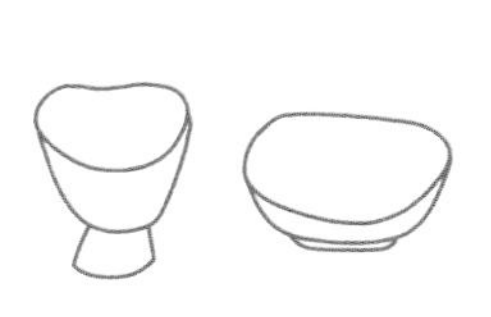
熟盂：盛放熟水

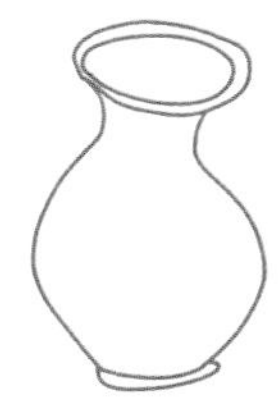
鹾簋：盛放盐花

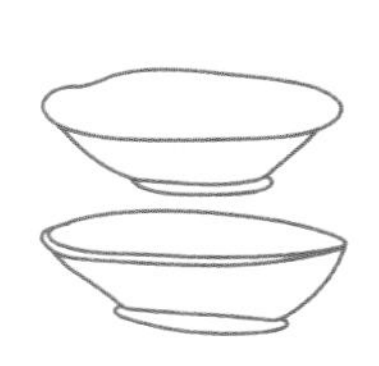
碗：品茗饮茶

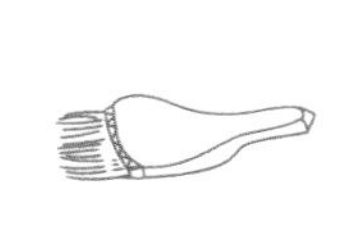
札：清洁器物

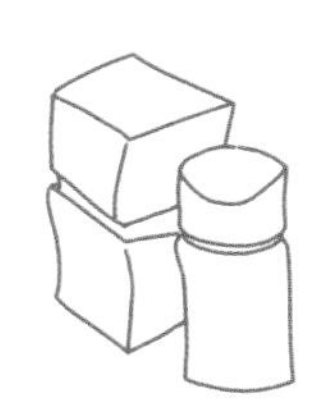
畚：储藏茶碗

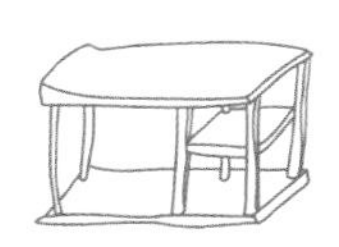
具列：盛放茶具

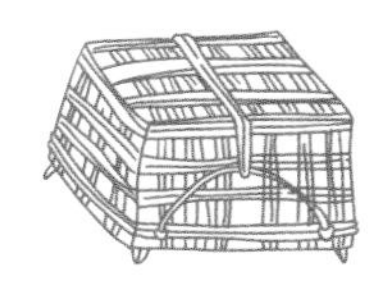
都篮：盛放茶具

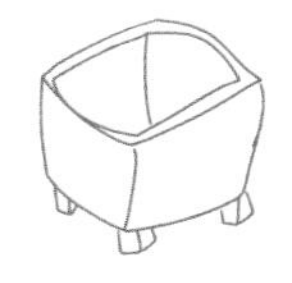
涤方：储洗涤水

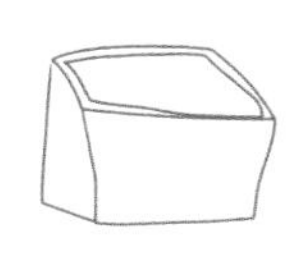
滓方：盛放茶渣

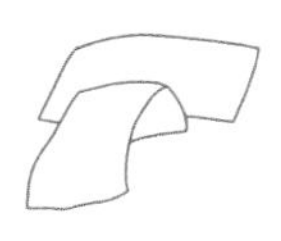
巾：擦拭器物

煮茶和饮茶器具：按陆羽《茶经 · 四之器》所列绘制

| 王宪明　绘 |

生火用具：风炉、筥、炭檛、火筴。煮茶用具：鍑、交床、竹筴。烤茶、碾茶和量茶用具：夹、纸囊、碾、拂末、罗合、则。盛水、滤水和取水用具：水方、漉水囊、瓢、熟盂。盛盐、取盐用具：鹾簋。饮茶用具：碗、札。盛器和摆设用具：畚、具例、都篮。清洁用具：涤方、滓方、巾。

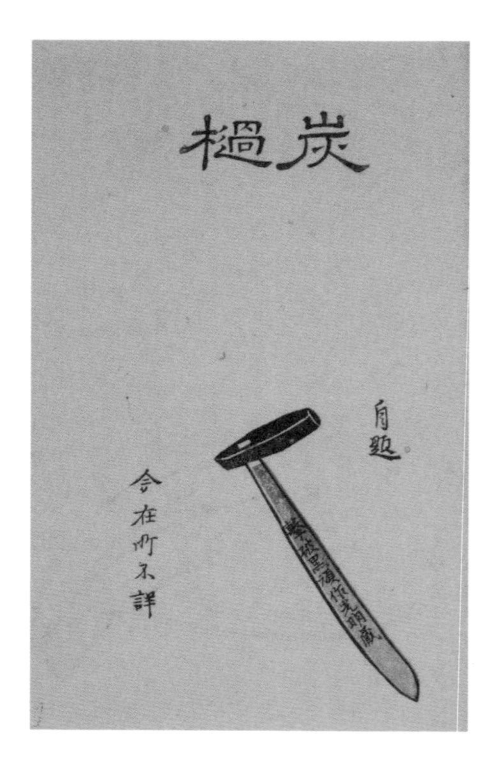

炭檛：[日] 木孔阳《卖茶翁茶器图》，
19 世纪中期

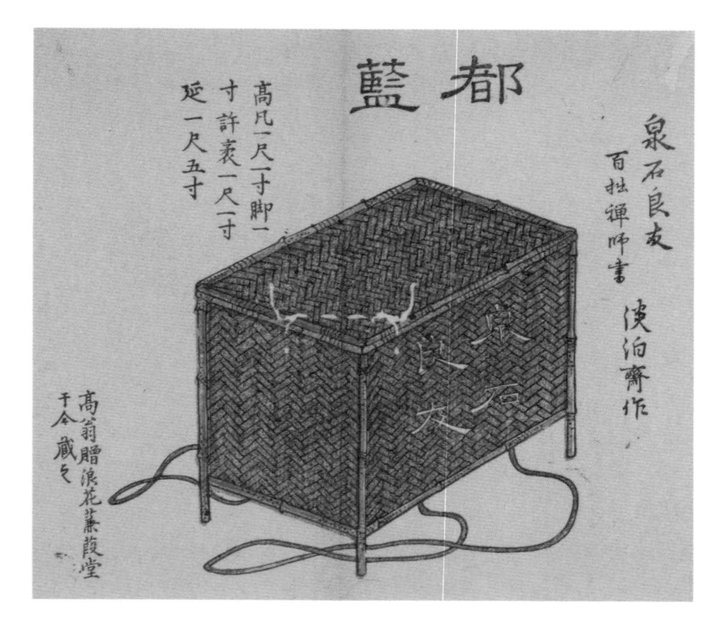

都篮：[日] 木孔阳《卖茶翁茶器
图》，19 世纪中期

碾茶、罗茶

碾茶，是指将冷却好的茶饼用茶碾碾成末状。唐代茶碾的材质以木为主，虽然亦不乏金属材质，如法门寺出土的“鎏金鸿雁流云纹银茶碾”，但毕竟仅属于皇家使用之物，不曾普及至民间。直至宋代才发展成以银、熟铁等金属或石料等材料制作茶碾。材质的改变使碾茶程序更加可控。

碾好的茶末需用罗合筛储。罗，罗筛；合，即为盒。罗筛，是将剖开的大竹弯曲，并蒙上纱或绢制成。茶末透过绢纱的网眼，然后落入合中。《茶经》对绢、纱经纬间网眼的大小没有确切表述，茶末的标准则可从“碧粉缥尘，非末也”“末之上者，其屑如细米；末之下者，其屑如菱角”来判断。

法门寺鎏金仙人驾鹤纹壶门座茶罗

鎏金壶门座茶碾

《茶经》载：“碾，以橘木为之，次以梨、桑、桐、柘为之。内圆而外方。内圆备于运行也，外方制其倾危也。内容堕而外无余。堕，形如车轮，不辐而轴焉。长九寸，阔一寸七分[1]，堕径三寸八分，中厚一寸，边厚半寸，轴中方而执圆。其拂末以鸟羽制之。”

“碾，以银为上，熟铁次之。生铁者，非掏炼槌（褪）磨所成，间有黑屑藏于隙穴，害茶之色尤甚。凡碾为制，槽欲深而峻，轮欲锐而薄。槽深而峻，则底有准而茶常聚；轮锐而薄，则运边中而槽不戛。”

---

1 1分=0.33厘米。

煮水、煮茶

煮水、煮茶在“鍑”中进行。鍑，无盖，外形似釜式大口锅，并带有方形的耳、宽阔的边，以及底部中心为扩大受热面而设置的凸起部分，即“脐”。这种无盖、大口的设计对观察、辨别水和茶汤的火候极为有利，但同时也存在易被污染的缺陷。鍑的体积很小，容量为3~5升，可供十余人之饮。

唐代巩县窑黄釉风炉及茶釜

| 中国茶叶博物馆藏 |

《茶经》载关于煮水最重火候的“三沸”说：

其沸，如鱼目，微有声，为一沸；缘边如涌泉连珠，为二沸；腾波鼓浪，为三沸。已上水老不可食也。初沸，则水合量，调之以盐味，谓弃其啜余，无乃衉䀋而钟其一味乎？第二沸出水一瓢，以竹筴环激汤心，则量末当中心而下。有顷，势若奔涛溅沫，以所出水止之，而育其华也。

首先，将水烧开至“沸如鱼目，微有声”的程度，即“一沸”；然后加入适量的盐调味，再烧至“缘边如涌泉连珠”，即“二沸”，并舀出一瓢水待用；用“竹筴”在水中转动至出现水涡，然后用“则”量取茶末，放入水涡之中，烧至“腾波鼓浪”，即“三沸”；在茶汤出现“奔涛溅沫”的现象时，将第二沸舀出的水倒入茶汤，降低水温、抑制沸腾，从而孕育沫饽。也就是说，前两次沸腾均为煮水，而第三次沸腾才为煮茶，待茶汤再度沸腾之后，即可进入酌茶程序。

酌茶

在第一次水沸时，将水面上出现的一层色如“黑云母”、滋味“不正”的水膜去除。酌茶时，舀出的第一瓢为“隽永”，需置于熟盂中保存，以备孕育沫饽、抑制沸腾之用，然后再将茶汤依次酌入茶碗。

沫饽是茶汤的精华，酌茶时需注意使各碗中的沫饽均匀，以确保茶汤滋味一致。通常情况下，煮一升水可酌五碗茶汤，其中前三碗滋味最好，但也次于“隽永”，至第四、第五碗就不再值得饮用了。

酌茶所用的茶碗（即茶盏），敞口、瘦底、碗身斜直，色泽以越窑的青色最衬饼茶的淡红汤色，因此陆羽在《茶经》中称赞越瓷“类玉”“类冰”，可使茶汤呈现绿色，极具欣赏价值。

唐代越窑青釉带托盏

| 中国茶叶博物馆藏 |

由托及盏组成一套。碗直口，深腹，圈足。托圆唇口，大折沿，内凹以承盏，宽圈足。灰白胎，釉色青中带黄。唐代越窑分布区越州一带也是重要的产茶区，因此越窑也生产大量的茶具，仅茶盏托的造型就达十多种，这只是其中一种。

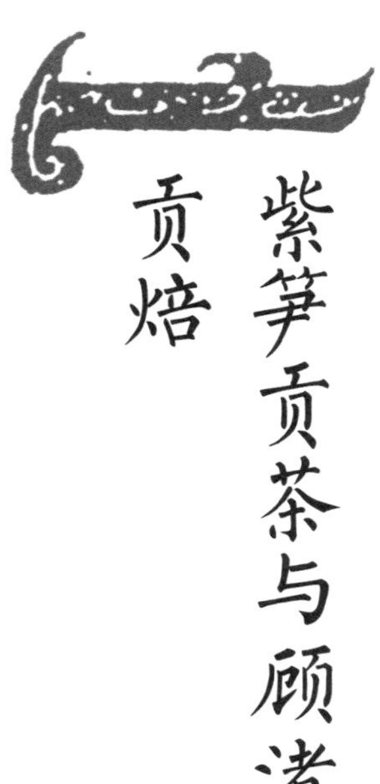

第四节 紫笋贡茶与顾渚贡焙

中国自古就有臣民或属国向朝廷进献物品的传统。《尚书·禹贡序》记载，「禹别九州，随山浚川，任土作贡」，是说大禹依据九州土地的具体情况，制定各地进献物品的品种和数量。贡品通常为地方土产，而茶作为南方特产，自然也被列为贡品。到了唐代，随着贡茶生产专业化发展，出现了由官方直接管理、专门督造贡茶的贡焙。

作为贡品的茶叶，也就是“贡茶”，既是臣属向君主进献的茶叶，也是赋税的一种形式。贡茶约始于汉代或更早时期，起初仅仅是作为一般意义上的土产，由地方政府进献给帝王，不做强制性的数量、质量等规定。

自唐代开始，贡茶逐渐被制度化，发展成为“定地、定时、定额，甚至定质地、品级”的特定意义上的贡茶。生产贡茶的州府数量和贡茶生产数量均大幅增加。与此同时，贡茶生产渐趋专业化，不仅设立专门督造贡茶的贡焙机构，而且由官方进行直接管理，即“贡焙”。如宜兴和长兴交界处的顾渚贡茶院，即是为督造紫笋贡茶而在唐大历五年（770年）专门设立的。

紫笋贡茶，也称阳羡茶。阳羡是宜兴的旧称，从六朝时期开始即为著名茶产区，至唐代所出产的阳羡茶又称紫笋茶，品质极佳，“芬香甘辣，冠于他境”。陆羽认同阳羡茶的卓越品质，因而建议常州太守李栖筠将其进贡于朝廷。李栖筠接受了陆羽的建议，将阳羡茶列为贡茶进上。随着入贡数量逐年增加且渐成惯例，朝廷在宜兴特别修建“茶舍”，以供采办阳羡贡茶专用。阳羡茶区因此成为唐代盛极一时的贡茶采制地，整个山坞上下种满茶树，而且为了使一个个茶园能够清楚分界和便于生产，还通过种植芦苇为标志加以隔离。李栖筠所置“茶舍”则成为中国历史上的第一个贡焙之所。每年清明之前，阳羡茶的采办工作即在这里展开，制成的贡茶日夜兼程送至长安，以确保赶上朝廷每年举行的“清明宴”。因此，当时阳羡茶又称“急程茶”。

由于阳羡茶每年的生产任务过重，大历五年（770 年），代宗李豫又在长兴顾渚专设贡茶院。最初设于顾渚虎头岩后的“顾渚源”，共建草舍三十余间，后因刺史李词嫌其简陋狭窄，造寺一所，进行扩建。

紫笋贡茶

| 王宪明　绘 |

湖州与常州分贡紫笋茶之初，都想先对方一步贡达京城，因此存在争贡的情况。但是春茶采制受季节限制，如果提前采摘芽叶，势必因原料生长期不足影响成茶品质。两州刺史沟通后达成共识，每年茶汛季节，常、湖两地刺史在两县相交的啄木岭境会亭集会，与朝廷特派的监督人员共同监制贡茶，以杜绝两州争先争贡的情况。后来，顾渚贡茶院规模更大，宜兴所产之茶大多转至顾渚贡焙加工，宜兴茶舍也就逐渐荒废。唐代许有谷在《题旧茶舍》中还说，“陆羽名荒旧茶舍，却教阳羡置邮忙”。

今天，在宜兴与长兴交界的悬脚岭北峰和南峰下，仍可见沟通阳羡与顾渚两大茶区的贡茶古道。古道分为两段，分处宜兴和长兴境内，古道路面以小石板和块石铺成，道旁留存有唐以降的历代瓷片，见证着贡茶古道曾经的辉煌。湖、常二守会面的境会亭和广化桥以南古道路段上的头茶亭和中凉亭等，是唐代贡茶和贡焙的重要遗迹。

入宋以后，历史气候由温暖期转入为寒冷期，茶树生长受其影响，发芽开采日期随物候推迟而延后，使得紫笋贡茶无法赶在清明之前送至都城，以供皇帝的大祭“清明宴”之用。宋太宗继位后，遂将贡焙由顾渚南移至福建建安。中国贡茶即茶类生产的技术中心，也随之由江浙转移到闽北。

太平兴国二年（977 年），北苑正式“始置龙焙，造龙凤茶”，阳羡茶则“自建茶入贡，阳羡不复研膏”。然而，阳羡茶并未就此没落，从此由传统的饼茶生产向散茶、末茶、芽茶、叶茶方向转变，其贡焙地位虽被北苑取代，但从宋至明清时期，阳羡紫笋茶一直都是知名的贡茶品种。

茶虽美，但贡茶制度对当地茶农造成的压迫与剥削却是不容忽视的。时任浙西观察使的袁高，因督造贡茶目睹贡茶扰民之害，赋《茶山诗》一首，随贡茶附进以谏。袁高在诗中高呼“茫茫沧海间，丹愤何由申”，以抒发心中对贡茶制度之苦的怨愤，以期革除民害，宽政恤民，重振国家。

而被公认为历代茶诗中最佳作品的“七碗茶”，其内容是卢仝《走笔谢孟谏议寄新茶》(也称《茶歌》) 诗中的一段。卢仝性格耿直，终生不仕，韩愈任河南令时对他颇为厚遇。卢仝在《茶歌》中轻松笑说阳羡七碗茶，先描述了“两腋习习清风生”的意象，紧接着以“安得知百万亿苍生，命在墜巅崖受辛苦；便为谏议问苍生，到头还得苏息否”四句收篇，直诉百姓贡茶的艰辛，指问苍生何时能获苏息。

《七碗茶歌》

被公认为历代茶诗中的最佳作品：

一碗喉吻润，两碗破孤闷，

三碗搜孤肠，唯有文字五千卷。

四碗发轻汗，平生不平事，尽向毛孔散。

五碗肌骨清，六碗通仙灵，

七碗吃不得也，唯觉两腋习习清风生。

蓬莱山，在何处，玉川子，乘此清风欲归去。

第三章

古典极致

宋元茶的转型

宋元时期是中国茶业和茶文化发展史上具有较多重大改革的阶段，主要表现在以下两个方面：一是团饼贡茶的生产及品饮艺术发展到了极致；二是茶类生产完成了以饼茶为主到采造散茶为主的转变，即由古典向传统的转型发展。

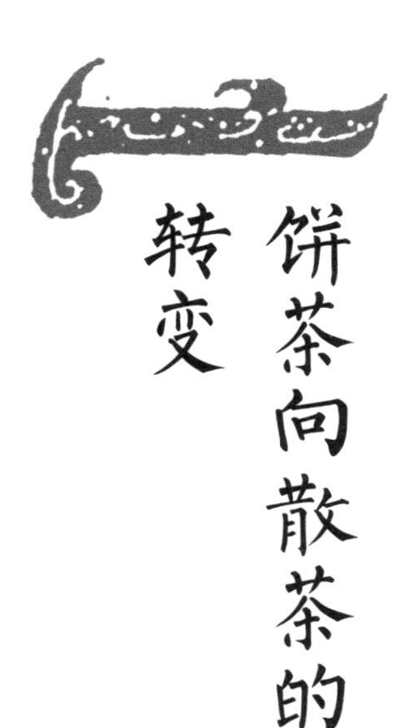

第一节 饼茶向散茶的转变

茶是中国特产，不但最初为中国所独有，其产制、利用也有不同于其他产业和文化的特别之处。比如饼茶（紧压茶）与散茶，特别是芽茶、叶茶的差异，前者必须是敲碾粉碎然后才能煮饮，后者则可直接以开水冲泡。中国近代茶业和茶文化不是基于饼茶的传承与发展，而是后来的散茶。因此中国茶业历史分期的古代阶段可以一分为二，即以饼茶为主的『古典』时期和以散茶为主的『传统』时期。由『古典』向『传统』的转变，正是宋元时期中国茶业最为明显和重要的改革。

茶作为饮品，其加工方法最初是将茶树鲜叶通过蒸、捣等工序，然后压制成型，成为一种蒸青饼茶。这种制茶方法在秦人攻取巴蜀之后逐渐向外传播，大约在三国甚至汉代以前，以生产和饮用饼茶为主的格局逐渐在长江流域形成。饼茶在唐代以后繁荣发展，宫廷和民间所制、所饮大多为饼茶。到了唐代中期或后期，饼茶的制作工序一方面更加精细化，至宋代发展到极致；另一方面则有所简化，只蒸不研、研而不拍的散茶发展起来。到了五代末年，特别是入宋以后，饼茶改制散茶的趋势已成。

宋代饼茶也称为“片茶”，其焙制方法基本承袭唐代，只是在技术上有所改进。唐代将蒸好的茶叶捣碎时用的是杵臼，完全手工操作，费时费力，而宋代则普遍改用碾，而且可以通过水力驱动。以水力磨出的茶叶称为“水磨茶”。相较人工用杵臼捣碎，水磨茶省时省力，而且能保证质量，降低成本，因此水磨的使用在短短几十年间就遍及全国。不仅茶户自发开设磨茶坊，连官府也修置水磨，垄断磨茶之利。至北宋末年，水磨的使用已经相当广泛，不只用于磨茶，而且还用于破麦、磨面等粮食加工业，是宋代社会生产力发展水平的具体体现。

元代水磨线摹图：按《王祯农书》插图绘制

| 王宪明　绘 |

除以水磨代替杵臼进行捣茶，宋代制茶工艺的另一突出成就体现在北苑贡茶的研膏和拍制方面，尤其是贡茶的“饰面”，堪称艺术品。

北苑贡茶研膏是在蒸茶之后、拍制之前，把叶状的茶叶进行研磨。研磨的过程中要反复加水，因此称为研膏。研膏时，加多少次水，都有讲究。从加水研磨直到水干，称为“一水”。这一过程重复次数越多，茶末就越细，茶的品质也就越高，点茶的时候效果也就越好。北苑贡茶对研茶这道工序要求非常高，顶级的龙团胜雪研茶工序要十六水。

“拍”则是将研好的茶末装入茶笵，即模具，然后拍打使其成型。宋代制作饼茶的茶笵小巧玲珑，笵体纹样丰富，用于制作贡茶的茶笵更有“龙凤呈祥”款式，精致至极。如北苑贡焙所造的贡茶形制有方形、圆形、半圆形、椭圆形、花瓣形、多边形等；饰面图

龍團勝雪
水芽 十六水 十二宿火 正貢三十銙
續添二十銙 創添六十銙
白茶
水芽 十六水 十宿火 正貢三十銙
續添五十銙 創添八十銙
御苑玉芽
水芽 十二水 八宿火 正貢一百片
萬壽龍芽
北苑別錄 七

宋代赵汝砺《北苑别录》，出自明喻政辑《茶书》（万历四十一年喻政自序刊本）

案有龙、凤、云彩、花卉等。贡茶名称十分高雅别致，如“龙园胜雪”“御苑玉芽”“万寿龙芽”“乙夜清供”“承平雅玩”“龙凤英华”“瑞云翔龙”“太平嘉瑞”“龙苑报春”等。

熊蕃在北宋末年撰《宣和北苑贡茶录》，其中描绘了当时贡茶的名称和形制图案。这些贡茶外观精美，制作精细，价格昂贵。仁宗时，蔡襄制成“小龙团”，一斤值黄金二两。时称“黄金可有，而茶不可得”。这些贵如黄金的贡茶仅供帝王和贵族阶层享用。

制作贡茶带有一定的强制性。官茶园中的采茶工匠境遇悲惨，要在“监采官人”的催促下从事劳动，击鼓集合，领牌进山，鸣锣收工，管理严格，不仅十分辛苦，还常有被老虎吃掉的危险。官茶园对研茶工人的要求更是非常苛刻，甚至需要剃光头发、胡子，导致制茶工人十分抵触。官焙贡茶本来就不具备商品属性，过度追求极致导致其发展愈发畸形，最终走向衰落。

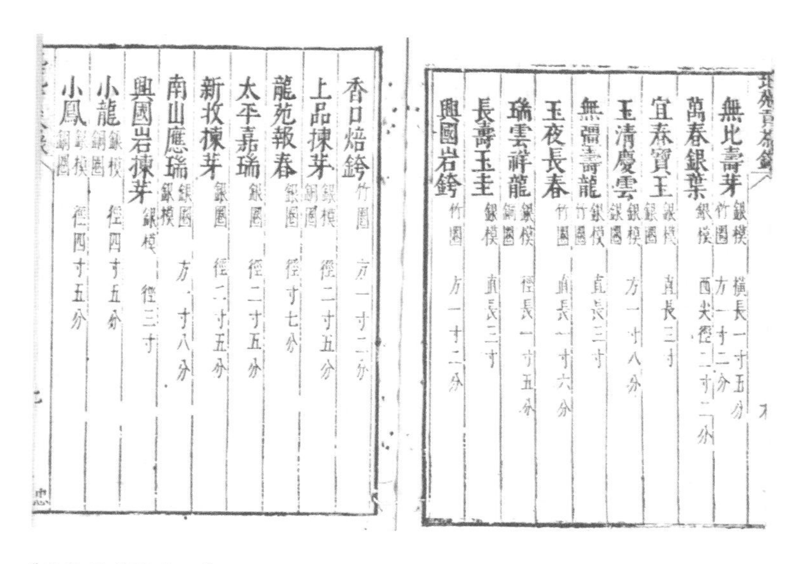

北苑貢茶錄

無比壽芽 銀模 竹圈 横長一寸五分 方一寸二分
萬春銀葉 銀模 兩尖徑二寸二分
宜年寶玉 銀模 銀圈 直長三寸
玉清慶雲 銀模 銀圈 方一寸八分
無疆壽龍 銀模 竹圈 直長三寸
玉夜長春 竹圈 直長一寸六分
瑞雲翔龍 銀模 銅圈 徑長一寸五分
長壽玉圭 銀模 直長三寸
興國岩銙 竹圈 方一寸二分

香口焙銙 竹圈 方一寸二分
上品揀芽 銀模 銅圈 徑二寸五分
龍苑報春 銀圈 徑寸七分
太平嘉瑞 銀圈 徑二寸五分
新收揀芽 銀圈 徑二寸五分
南山應瑞 銀模 銀圈 方一寸八分
興國岩揀芽 銀模 徑三寸
小龍 銀模 銅圈 徑四寸五分
小鳳 銀模 銅圈 徑四寸五分

《宣和北苑贡茶录》：出自宋代熊蕃撰，熊克增补，明喻政辑《茶书》（万历四十一年喻政自序刊本）

龙园胜雪
竹圈 银模
方一寸二分[1]

白茶
银圈 银模
径一寸五

御苑玉芽
银圈 银模
径一寸五分

万寿龙芽
银圈 银模
径一寸五分

雪英
银圈 银模
横长一寸五分

云叶
银模 银圈
横长一寸五分

蜀葵
银模 银圈
径一寸五分

金钱
银模 银圈
径一寸五分

玉华
银模 银圈
横长一寸五分

---

1 1分=0.1寸。

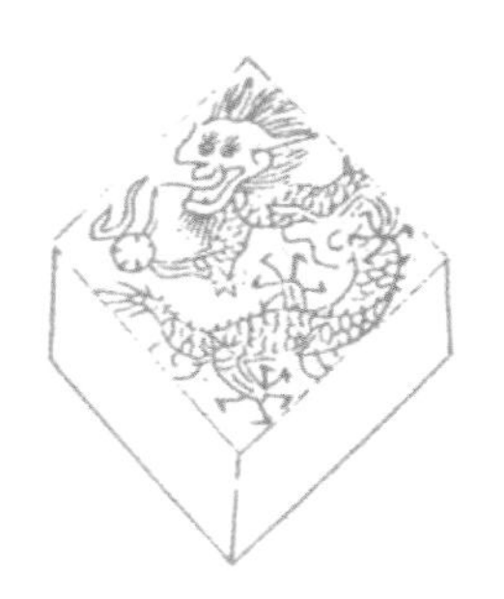

寸金
银模 竹圈
方一寸二分

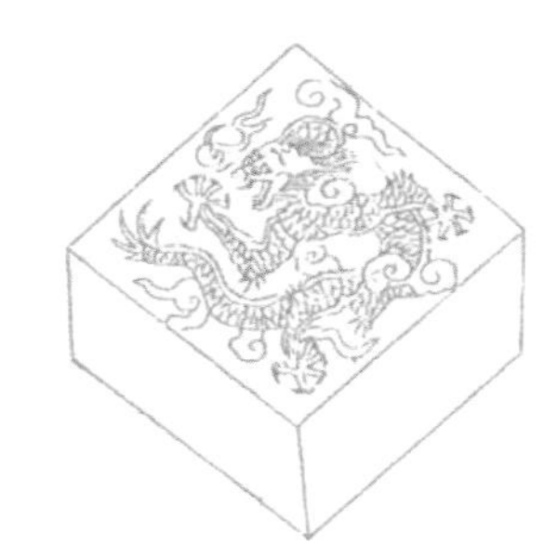

无比寿芽
银模 竹圈
方一寸二分

万春银叶
银模 银圈
两尖径二寸二分

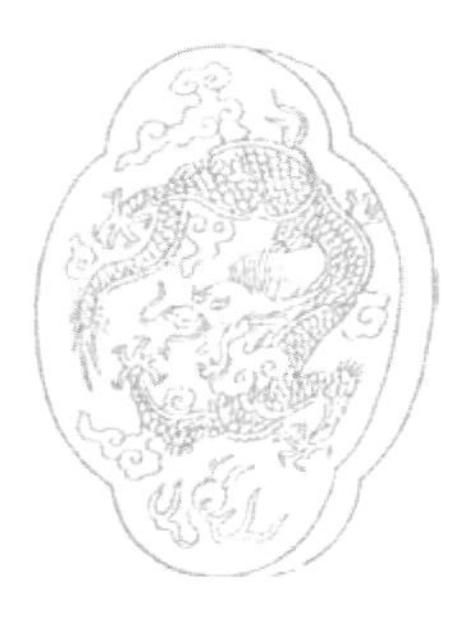

宜年宝玉
银模 银圈
直长三寸

玉庆清云
银模 银圈
方一寸八分

无疆寿龙
竹圈 银模
直长三寸六分

瑞云翔龙
银模 铜圈
径二寸五分

长寿玉圭
银模 铜圈
直长三寸

上品拣芽
银模 铜圈
径二寸五分

北宋末年贡茶的名称和形制图案：《宣和北苑贡茶录》，宋代熊蕃撰，熊克增补，清代汪继壕按校

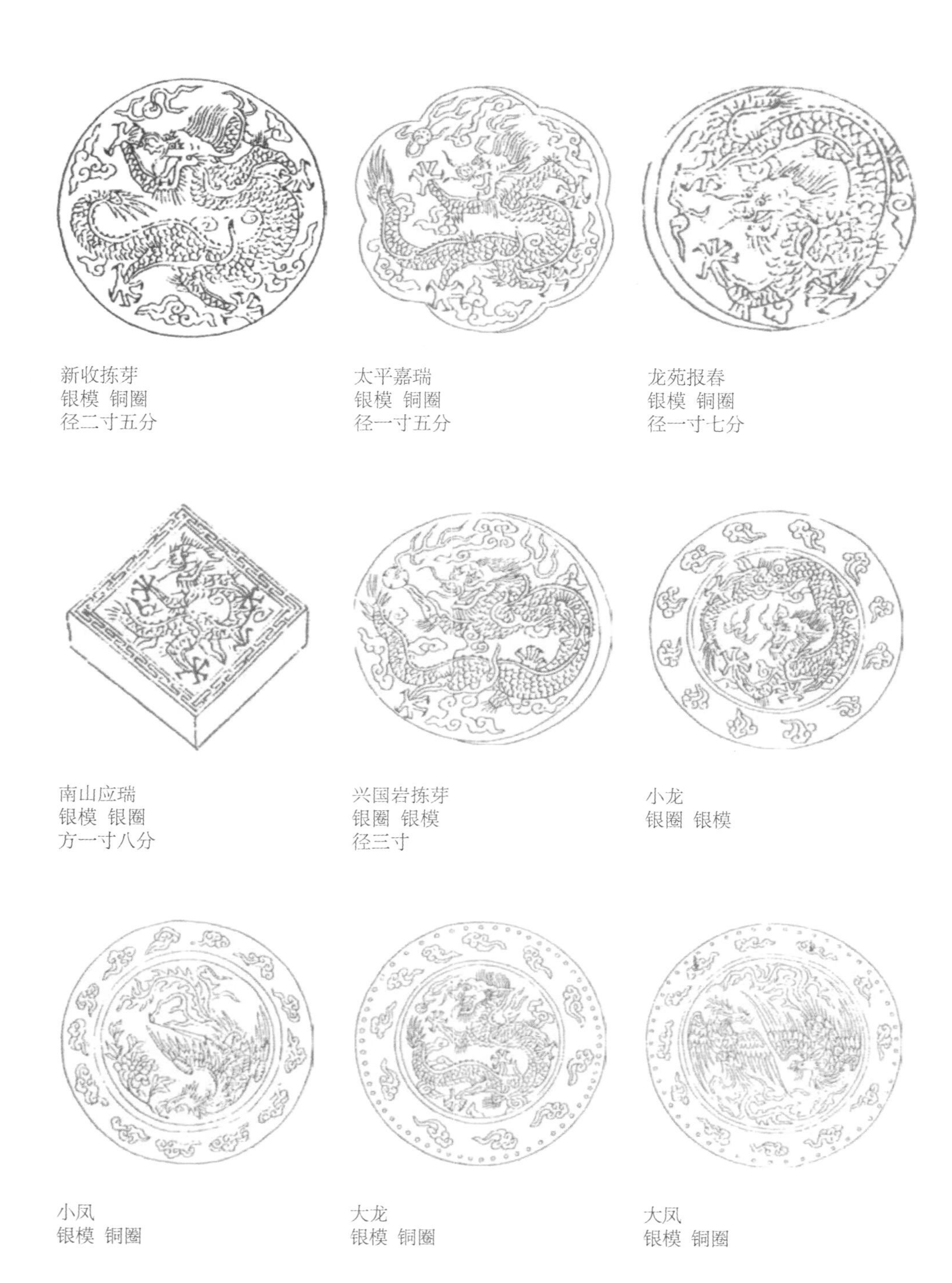

北宋末年贡茶的名称和形制图案：《宣和北苑贡茶录》，宋代熊蕃撰，熊克增补，清代汪继壕按校（续图）

为了适应广大人民的饮茶需求，制茶工艺更为简化、成本更加低廉的散茶迅速发展起来，并逐渐取代了饼茶的主导地位。唐以前虽然已存在蒸青、炒青和末茶，但人们生产和饮用的主要茶类还是饼茶。入宋以后，茶叶生产制度上出现了改繁就简的发展趋向。最明显的就是唐和五代时期制作的饼茶——顾渚紫笋，在贡焙南移建安后即“不复研膏”，改为专门生产“草茶”。当然，这种改制并非朝廷之命，而是茶农据市场需求自行决定。所以北宋中后期的诗文中有关草茶的记载虽然越来越多，但真正较为明显的改制是到南宋时，散茶、末茶才较快发展起来并逐步替代饼茶。到宋末元初，饼茶只保留贡茶属性，在民间已经很少见了，茶业正式转变为以生产散茶为主的局面。由于散茶未经拍压成型，烹煮之前无须炙烤、研磨，极大简化了烹煮程序，且成本更低，直至元代散茶价格仍普遍低于饼茶。

茶类改制适应了社会需求，促进了茶叶产销，从而推动了茶叶零售系统的完善，这从当时城镇急剧增多的茶馆可见。在北宋汴京的闹市和居民聚集区，各类茶坊鳞次栉比。除白天营业的各类茶馆外，还有如《东京梦华录》所记的，“茶坊每五更点灯，博易买卖衣服图画、花环领抹之类，至晓即散，谓之鬼市子”，且出现了晨开晓歇和专供夜游的特色茶馆。南宋行都临安（今杭州）的茶馆较汴京尤有过之。《都城纪胜》载：“大茶坊张挂名人书画，在京师只熟食店挂画，所以消遣久待也。今茶坊皆然。”至北宋后期，茶馆除卖茶，还卖奇茶异汤，冬月添卖七宝擂茶，暑天添卖雪泡梅花酒等，景况繁荣。南宋临安还出现了各色专营茶店。《都城纪胜》《梦粱录》中记载的茶馆类型有茶楼、人情茶坊、市头、水茶坊、花茶坊等。除茶馆外，街头还有车推肩担流动或固定的茶摊，更有走街串巷“提茶瓶沿门点茶”者。宋代茶业发展的繁盛程度可想而知。

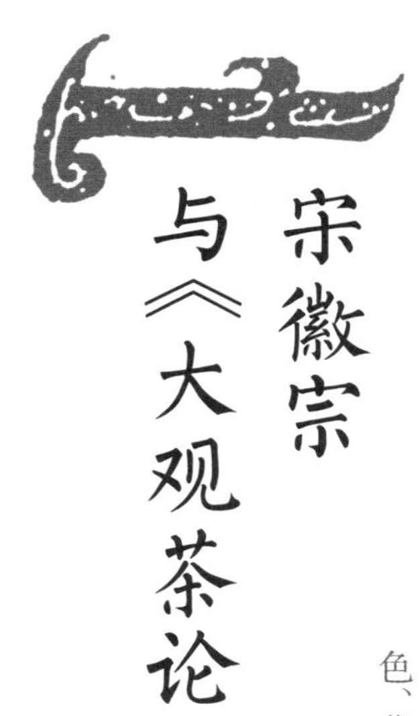

第二节 宋徽宗与《大观茶论》

宋神宗第十一子赵佶（1082—1135年），是北宋第八位皇帝，庙号徽宗。他亲自操持饮茶程序，示范茶艺，发展出一套上层社会雅致的饮茶之道，并著成《茶论》。此书原名《茶录》，明初陶宗仪《说郛》收录该书全文时，因其著于大观年间（1107—1110年），故改称《大观茶论》。《大观茶论》正文20篇，分为地产、天时、采择、蒸压、制造、鉴辨、白茶、罗碾、盏、筅、瓶、杓、水、点、味、香、色、藏焙、品名、外焙。

宋徽宗的《大观茶论》对北宋时期蒸青饼茶的产地、采制、烹试、品质、斗茶风尚等均有详细记述，且颇为讲究。如“采择”篇中要求在初春气温不高时采茶，且要赶在日出之前的清晨，以免太阳出来露水蒸发，茶芽不肥润。采茶要用指甲，不能用手指，以免茶叶在采摘过程中受到物理伤害，且不被手指的汗渍污染。很多采茶工人都随身携带干净的水，随即将采下的茶芽投入水中，以保持鲜洁。徽宗认为，所采茶芽“如雀舌谷粒者为斗品，一枪一旗为拣芽，一枪二旗为次之，余斯为下茶”，而且要对采下的鲜叶进行分拣，剔出不符合要求的芽叶。

徽宗对白茶情有独钟，特作“白茶”篇。只是徽宗所指白茶不同于现代制茶工艺中经过萎凋和干燥处理的白茶，而指茶树品种，以现代生物学观点解释，则是一种由基因变异导致的白化品种。徽宗认为白茶自为一种，与常茶不同，枝条柔软，叶片轻薄且颜色泛白，是被偶然发现，而非人力干预所得。白茶数量极少，茶树不过一二株，通常只能造二三胯[1]，且极难蒸焙。如果茶制得好，就会表里明彻清亮，如璞玉一般，茶品无与伦比。

《大观茶论》中充满了徽宗对茶的实践经验和心得体会，见解精辟，论述深刻，反映了北宋以来中国茶业的发达程度和制茶技术的发展状况。《大观茶论》中关于点茶的记述为宋代茶道留下了珍贵的文献资料。点茶是流行于宋元时期的一种烹茶方式。点茶所需的工具主要有茶碾、茶磨、茶罗、汤瓶或铫、茶盏、茶匙、茶筅等。时人审安老人撰《茶具图赞》，列茶具十二种，并以拟人的方式为每种茶具命名，称“十二先生”，同时绘制了图画以释其形制、用途。

北宋赵佶《文会图》局部线图

| 王宪明　绘 |

1 胯：又称“銙”，古代附于腰带上的扣版，作方、椭圆等形，宋代用作计茶的量词，又用以指称片茶、饼茶，也写作“夸”。

韦鸿胪，是用植物或者动物皮毛编织的茶焙、茶篓。

木待制，是捣茶用的茶臼。

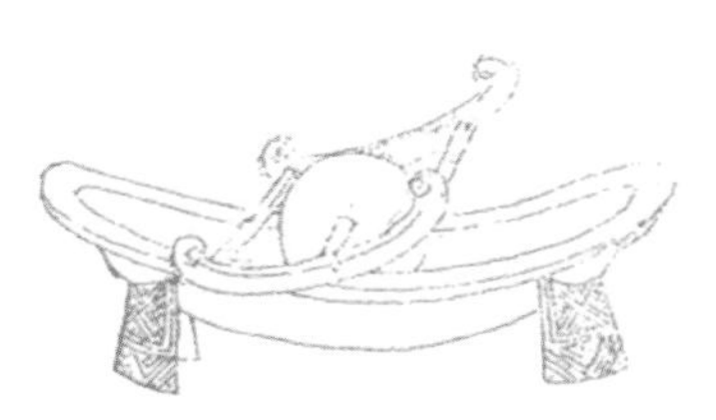

金法曹，即茶碾，金属钝器，用于把茶碾成细末。

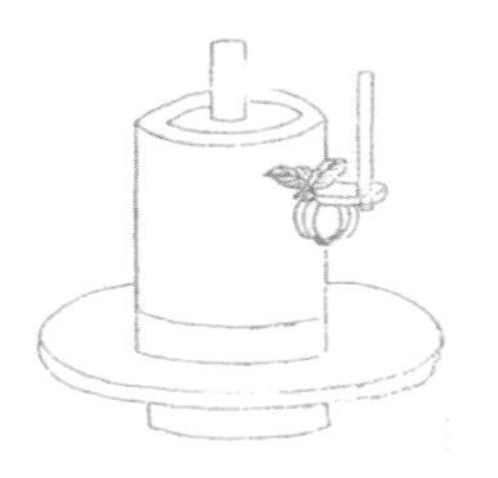

石转运，即茶磨，磨茶的工具，常用青石制之。

汤提点，是点茶所用的汤瓶。

竺副帅，即茶筅，用以搅拌茶末。

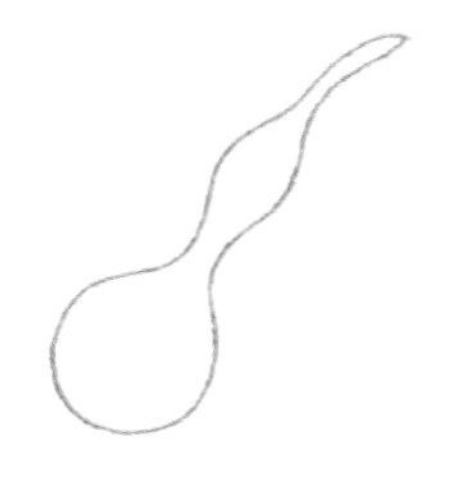

胡员外，即茶瓢，由葫芦制成，“员外”暗示“外圆”，具舀水功能。

司职方，即茶巾。

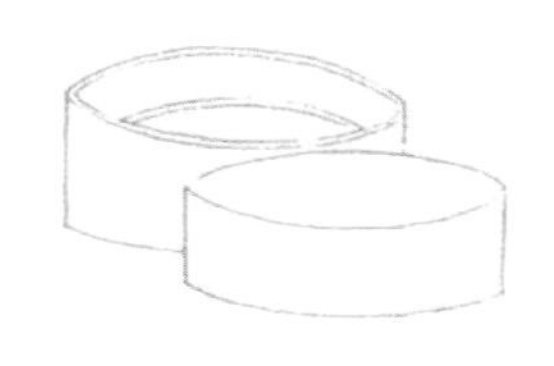

罗枢密，即茶罗合，也叫茶筛，以罗绢做成网，固定在木制品上，筛制茶末。

宗从事，即茶刷，用于清理茶具用。

漆雕秘阁，包含茶盏与茶托，有不可分割之意。

陶宝文，即茶碗。

宋代审安老人《茶具图赞》“十二先生”图：出自明代喻政辑《茶书》（万历四十一年喻政自序刊本）

茶碾或茶磨用于将饼茶、散茶等未经碾磨的茶叶磨成粉末状。茶碾贵小，扶风法门寺塔地宫出土的茶碾，槽面之长仅合唐小尺[1]八寸许。瓷质茶碾较为常见，形制与《茶具图赞》中的“金法曹”基本相同。如果茶末的需求量不多，也可以用茶臼来研。茶臼多为瓷质，浅钵状，内壁无釉，刻满斜线，且线间往往戳剔鳞纹，通常被称为擂钵或研磨器。碾磨后的茶末还要过罗，即《茶具图赞》中的“罗枢密”。如果碾磨陈年饼茶，通常在碾茶之前将茶饼放到洁净的容器中用沸水浇淋，并刮去茶饼表面的油膏，然后用茶钤箝住炙烤，去其陈味后再行碾磨。如果是当年的新茶，就不需要“炙茶”工序。

点茶之前，先要候汤，即煮水。为了便于点茶时向茶盏中注水，煮水宜使用金属或瓷、石所制的高肩长流的小容量汤瓶，即“铫”。铫的材质以金、银质为最佳，用铜、铁、锡、瓷，甚至石质汤瓶煮水注茶亦可。汤瓶的瓶口较窄，不似前朝“鍑”等器皿较易辨别汤的火候，因此煮水难度更大。

茶盏专为点茶而设，盏的颜色、尺寸均会影响点茶的成败，因此宋时点茶对茶盏有极高要求，盏的颜色选择尤为重要。通常来说，如果是用饼茶碾成的茶末，那么建窑的兔毫盏、黑釉盏是最好的选择。因为这种茶汤的颜色泛白，兔毫盏是青黑色的，刚好能衬出茶的颜色。如果是用江浙一带的草茶碾成的茶末来点，那么茶盏就不需要用黑釉的，而是用青瓷、白瓷比较多见。从茶盏形制来看，盏要深，有深度才能在点茶时让茶末和泡沫有上下浮动的空间；而且盏还要宽，通常体型较大，敞口，盏口直径大多在11厘米至15厘米，因为点茶时需要茶筅不停地旋转，盏宽才能转得开。至于在茶盏中放多少茶，可以根据盏的大小自行调节。点茶之

1 1尺=33.3厘米。

前，需要先炙烤茶盏，也就是熁盏，目的是让茶盏的温度升高，如果茶盏的温度不够，则点茶时很难让茶末浮起来。

“点茶”是末茶点泡法中最为关键的程序。点茶的第一步是调膏，即用长柄小勺（茶则）自罐中舀出茶末，一勺茶末的标准重量约为一钱七分，倾入盏中，用少许水调制均匀。调膏之后继续注水，同时用茶筅“环回击拂”。茶筅是一种用于搅拌茶汤的专用茶具，从北宋末年开始频繁使用于点茶程序中。在茶筅之前，茶汤的搅拌用茶匙或箸完成。用茶筅拂击茶汤是为了达到“浪花浮成云头雨脚”，即茶末下沉、泡沫上浮的目的。这一过程中对水温有严格要求，偏凉则茶末浮起，偏热则茶末下沉。

孙机在《中国古代物质文化》一书中总结：只有当茶末极细，调膏均匀，汤候适宜，水温不高不低，水与茶末的比例不多不少，茶盏预热好，冲点时水流紧凑，击拂时搅得极透，盏中的茶才能呈现悬浮的胶体状态。这时茶面上银粟翻光，沫饽汹涌，点茶完成。至于茶点得如何，则以云脚粥面、汤面色泽和有无水痕等指标来判断点茶的技术水平。这就是斗茶，基本要领是看盏中的茶和水是否已经充分融合，是否已经产生出较强的内聚力，“周回旋而不动”，

煮茶：王问《煮茶图》局部线图

| 王宪明　绘 |

从而“着盏无水痕”，即茶色不沾染碗帮。如果烹点不得法，茶懈末沉，汤花散褪，云脚涣乱，在盏壁上留下水痕，茶就算斗输了。

徽宗在《大观茶论》一书中对点茶技法记述得十分详细，指出点茶的全部过程共需加水七次。第一汤水量较少，目的是将茶末调成均匀的胶糊状。第二汤需用力搅拌，茶汤色泽随着水量的增加而逐渐转淡。第三汤的搅拌贵在轻巧、均匀，以茶汤出现“粟文蟹眼”为宜。第四汤的搅拌转幅加大并控制转速，目的是打出泡沫。第五汤的搅拌需视茶汤泡沫情况而定，力求调整泡沫，达到“结浚霭，结凝雪”的程度。第六汤只需缓慢搅动茶筅即可。第七汤最后调整茶汤浓度，完成点茶。

一个很短暂的点茶过程可以被分析成七个步骤，而且每一个步骤都有不同层次的感官体验，可见点茶在宋代发展的精细程度。

点茶一般是在茶盏中直接进行，可直接持盏饮用，如果因人数较多而使用大茶瓯点茶，那么品茶之前需先将茶汤分到茶盏中再行品饮。分茶的程式与唐代煎茶法中的“酌茶”基本一致。

碾茶与点茶：刘松年《碾茶图》局部线图

| 王宪明　绘 |

品茶时可赏茶汤的色、香、味，而点茶法对汤色的要求极为严格，甚至堪称极致。徽宗认为："点茶之色，以纯白为上真，青白为次，灰白次之，黄白又次之。天时得于上，人力尽于下，茶必纯白。"可见"纯白"对于点茶意义之重大。因点茶崇尚白色，故宋代茶盏虽然在外形上与唐时类似，但在色泽上却以青黑者为最佳之选，目的是以浓重的色彩更好地衬托茶汤"焕如积雪"的纯白之色。

宋代黑盏以福建建阳水吉镇的建窑所出者最负盛名，北宋名臣、书法大家蔡襄在《茶录》中对此有明确记载，即"建安所造者绀黑，纹如兔毫，其坯微厚，熁之久热难冷，最为要用"。蔡襄在任福建转运使（1041—1048 年）期间，负责监制北苑贡茶，积累了丰富的经验。他以"陆羽《茶经》不第建安之品，丁谓《茶图》独论采造之本，至于烹试，曾未有闻"为由，写就《茶录》两篇。书中记载的点茶、斗茶以及茶器的使用，为宋代饮茶艺术化奠定了理论基础。他对兔毫盏的推崇也正是源于其对饮茶艺术的深厚造诣。

除兔毫盏外，建窑的油滴盏也非常著名，油滴盏俗称"一碗珠"，油滴在黑釉面上呈银白色晶斑者称"银油盏"，呈赭黄色晶斑者称"金油滴"。如果釉料中含有锰和钴的成分，能使晶斑周围出现一圈蓝绿色的光晕，就更加名贵，日本人称之为"曜变天目"。此外，江西吉安的吉州窑所产的鹧鸪斑黑盏也非常著名，这种盏是在黑色的底釉上撒一道含钛的浅色釉，烧成后釉面呈现出羽状斑条，如同鹧鸪鸟颈部的毛色，可与兔毫盏齐名。

值得一提的是，虽然盛行于宋代的末茶、点茶技术及茶筅等点茶器具在中国未能流传下来，但却被日本茶道继承，并发展成日本抹茶茶道。据福田宗位氏说："日本茶道中搅拌末茶以泡茶的方法，其根源可于《大观茶论》中看到。"

宋代建窑黑釉兔毫盏

| 王宪明　绘，原件藏于故宫博物院 |

宋代窑鹧鸪斑茶盏

| 王宪明　绘，原件藏于广东省博物馆 |

第三节

茶叶专卖制度与茶马互市

755年，唐将领安禄山和史思明等背叛朝廷，发动叛乱。这场叛乱一直持续到763年，唐廷虽然获胜，但人口大量丧失，国力严重受损。安史之乱以后，饮茶之风随着佛教复兴扩展到北方地区，渐成『举国之饮』。民间茶饮的需求量大增，使茶叶生产和流通逐渐发展成为一种大宗生产和大宗贸易。而内战之后唐廷一直国库空虚，统治阶级不断增加税收，对于日益繁盛的茶叶贸易自然不会不加管制，于是开始正式设立茶政，征收茶税。

大和九年（835年），唐文宗的丞相王涯为了尽可能收取茶叶利益，推行榷茶。《史记》称："榷者，禁他家，独王家得为之。"榷茶，就是一种茶叶专营专卖的制度。王涯强令各地官员把茶农的茶树移栽到官府的茶园，烧掉茶农囤积的茶叶，禁止商人与茶农私下交易，一时间搞得天下大怨。但不久王涯在"甘露之变"中被处死，因此榷茶未能在唐时完全贯彻。

即便未实施榷茶制，越来越重的茶税也已成为唐代一个突出的社会矛盾，这种情况一直持续到宣宗时期（846—859 年）。在宣宗还是太子、正值兵荒马乱时，裴休为了避难，曾同宣宗一起在香严和尚会下做小沙弥。后来，宣宗即位，礼聘裴休入朝为丞相。裴休在大中六年（852 年）设立了“十二条茶法”，使茶叶走私和茶税收入有所稳定，茶税矛盾暂时缓和。茶税也成为中晚唐时期经济的重要一环。

茶叶从不收税到收税，代表了茶业从自由散在的地方经济形式，提升为一种全国性的社会生产和经济形式。

唐末和五代时，税制又一次进入混乱状态。到了唐明宗李亶（867—933 年）时，从湖南至当时京城洛阳，沿途设置税务机构，以至商旅不通。所以，一是为充实国库，二是为整顿唐末以来的茶政积弊，宋初推行了唐代提出但并未得以贯彻的榷茶和茶马互市制度。

南宋兔毫茶盏

| 王宪明　绘，原件藏于法国吉美博物馆 |

宋代榷茶较唐代完善，它既是一种官营官卖的茶叶专卖制度，又是一种税制，行榷就不再设税。榷茶制规定：园户（种茶户）生产茶叶，要先向附近的“山场”兑取“本钱”，采造以后，以成茶折交本钱，而多下来的茶叶也要悉数卖给山场。茶商买茶，也不同于过去向茶农直接收购，而是先到榷货务交付金帛，然后凭券到货栈和指定的山场兑取茶叶，再运销各地。

茶马互市
| 王宪明　绘 |

除榷茶制度外，宋代出现了与茶相关的另一种制度——茶马互市。西北少数民族“驱马市茶”的记载，早先见于唐，但茶马交易成为一种定制，还是宋太宗时确定的。宋境内不产良马，而且养马很困难，因此入宋初年开始在河东、陕西路买藩部之马，或者鼓励此两路藩部及川陕蛮部入贡。最初购买马匹主要用钱，但是“戎人得铜钱，悉销铸为器”，于是才设“买马司”，正式禁以铜钱买马，改用布帛、茶药，主要是以茶换马。在设买马司的同时，于今晋、陕、甘、川等地广辟马市，大量换取回纥、党项和吐蕃的马匹。仁宗时，西夏扩张与宋政权对立，因此只能在陕西原、渭州、德顺军等地置场买马。这导致马源不足且品质低下，促使神宗于熙宁七年（1074年）改革买马方式，即设置茶马司，并在今川（成都）、秦（甘肃天水）分别设立茶司、马司，专掌以茶易马之务。此后逐渐形成“蜀茶总入诸蕃市，胡马常从万里来”的局面。

在茶马互市的过程中，与马司相较，茶司更具掌控权。因为藩部食肉饮酪，不可一日无茶，茶叶需求量大，但马司却不能随心所欲向茶司索要茶叶，而是要用本司“本钱”向茶司购买茶叶。茶司自然要考虑自身的利益，必然会讨价还价，以更少的茶换取更多的马。从这一角度来看，马司的命脉其实是掌控在茶司手中的。想要减少买马所受的限制，最好的方式就是将两司合并。熙宁（1068—1077 年）后，关于茶马司和茶场的分合、设立变化无常，直至元丰六年（1083 年）才终于将茶场、马司合二为一。此后茶、马司合并，仍然在成都和秦州分别置司，川路重在茶事，秦路重在马事。

南渡后失陕西之大部，于是在绍兴七年（1137 年）又将川、秦两司合为“都大提举茶马司”，驻于成都，总领其事。南宋茶马互市的机构在四川设五场，甘肃设三场，并逐渐固定下来。川场主要用来与西南少数民族交易，换取马匹，充作役用；秦场与西北少数民族互易，所得马匹大都用作战马。

元代不缺马，边茶一般用银两和土货交易。明初恢复茶马互市，这一政策一直延续到清代中期才渐渐废止。

第四章

雅致精纯

明代茶的繁盛

在中国茶业和茶文化的发展史上，明代的主要特征是在饮茶和茶类生产改制的基础上，以炒青绿茶为主体的芽茶、叶茶的风靡，同时促使茶业各领域都出现了『散茶化』变革。明代茶业以芽叶为主的发展，不但从技术和文化上把中国古代茶业和茶文化的传统最终确立和固定下来，而且在明代后期把传统茶业和茶文化提高到了中国古代社会条件下可能达到的巅峰。

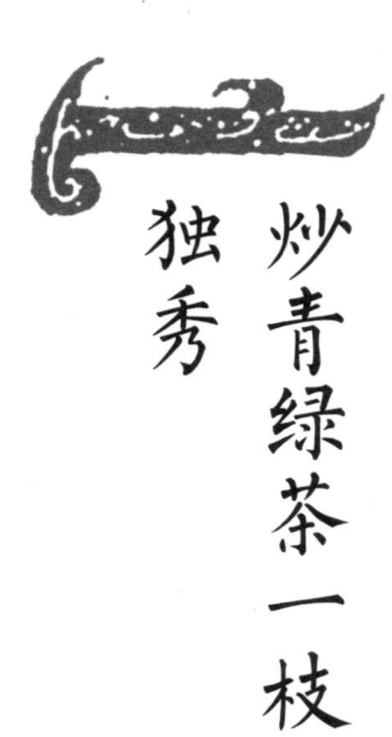

第一节 炒青绿茶一枝独秀

从秦汉时期王公贵族的宫廷奢侈品，到唐代『不可一日无』的民间必需品，再到宋元以来『罢团茶兴散茶』的革命性转变，茶叶的种类及加工方式随其普及程度和饮用习俗的改变不断发展变化。除蒸青饼茶在唐宋时期就已发展成熟外，其他茶类大都是在明代以后才大规模发展起来的。其中，炒青绿茶在明代可谓一枝独秀，占据了绝对主导地位。

早在宋末元初，中国茶类生产和供应内地民间所用的茶叶，就基本上完成了由饼茶到以芽茶、叶茶为主的转变。但宋元生产的叶茶在工艺上还保留有团饼紧压茶的一些旧制，如杀青一般不用锅炒而依然用甑蒸。至明代，除个别地区一度坚持用蒸，如产于宜兴与长兴交界处号称“味淡香清，足称仙品”的岕茶以外，大部分地区都以专制炒青绿茶为主。

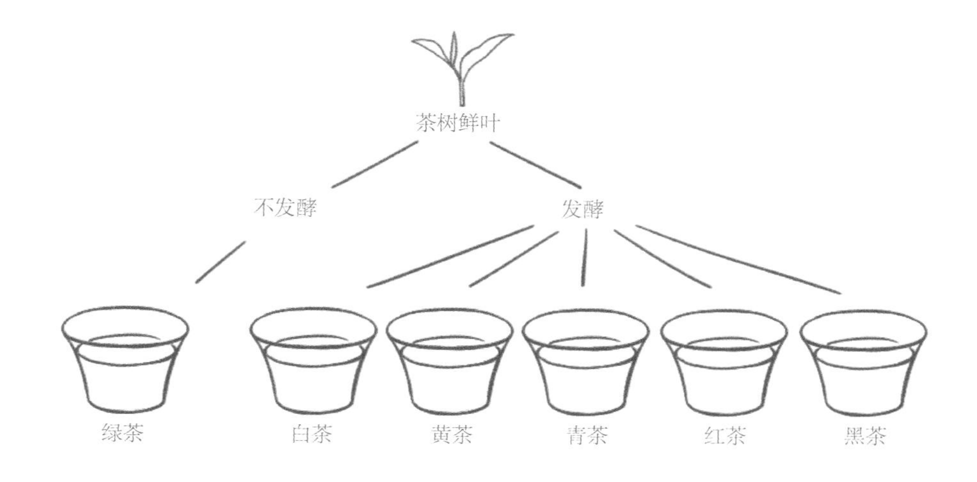

六大基本茶类以及其简单制茶工艺示意图

| 王宪明　绘 |

通常所说的茶，是指以茶树鲜叶为原料，利用相应的加工方法使鲜叶内质发生变化而制成的饮料。按照现代制茶工艺的不同，茶可分为六大基本茶类和再加工茶类。六大基本茶类包括绿茶、黄茶、白茶、青茶、红茶、黑茶，再加工茶类包括花茶、萃取茶、含茶饮料等。每种茶类都是经过长时间的演变、发展，最终才成为我们现在熟悉的样子。

明代炒青绿茶的风行与明太祖朱元璋积极倡导有一定关系。当时，建州入贡的武夷御茶仍沿袭宋制，是经过碾揉压制的大小龙团。至洪武二十四年（1391年）九月，朱元璋以“重劳民力”为由，下令各地“罢造（龙团），惟令采茶芽以进”。饼茶加工本就费时费力，成本高昂，且因制作中水浸和榨汁等工序损失茶香，夺走茶叶真味；散茶特别是炒青茶的加工，则尽量将茶叶的天然色香味发挥到极致。因此，炒青茶后来居上，快速发展起来。至明代中期，饼茶、末茶已不再是中国茶文化依存的主要形式，芽茶、叶茶等散茶取而代之，并影响到后来茶具、品饮艺术等的转化。

明代炒青的突出发展，首先反映在炒青名茶的创制上。宋元时，散茶的名品主要有日铸、双井和顾渚等。至明后期，据黄一正《事物绀珠》载，当时的名茶就有雅州的雷鸣茶，荆州的仙人掌茶，苏州的虎丘茶、天池茶，以及“都濡高株、香山茶、南木茶、骞林茶，建宁探春、先春、次春三贡茶”等共90余种。《事物绀珠》撰于万历初年，其所列名茶，南自云南金齿（今云南保山）、湾甸（今镇康县北），北至山东莱阳，包括今云南、四川、贵州、广西、广东、湖南、湖北、陕西、河南、安徽、江西、福建、浙江、江苏和山东15个省区。《客座赘语》（1617年）中也列举了诸多名茶，如“吴门之虎丘、天池、岕之庙后、明月峡，宜兴之青叶、雀舌、蜂翅，越之龙井、顾渚、日铸、天台，六安之先春，松萝之上方、秋露白，闽之武夷，宝庆之贡茶”等，都是炒青绿茶中的精品。

在众多茶名中，除少数在元以前就见记载（其中有相当一部分虽然名字依旧，但制法已经不同），大多为第一次出现。说明这些茶叶都是在明代前期和中期的一二百年间创制的新品，这既反映了明代茶叶市场的需求旺盛，也标志着当时制茶水平的提高。

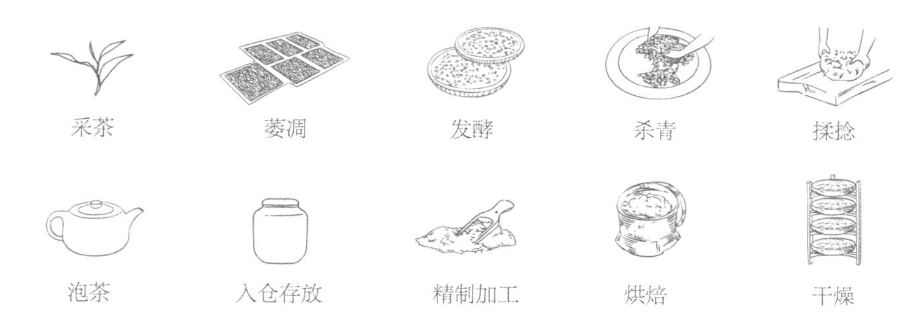

制茶工艺示意图

| 王宪明　绘 |

明代芽茶、叶茶的突出发展，还表现在炒青绿茶采制技术的精细和完善上。《茶解》归纳的炒青各工序技术要点为：采茶“须晴昼采，当时焙”，否则就“色味香俱减”；采后萎凋，要放在箪中，不能置于漆器和瓷器内，也“不宜见风日”；炒制时，“炒茶，铛宜热；焙，铛宜温”；操作时“凡炒止可一握，候铛微炙手，置茶铛中，札札有声，急手炒匀，出之箕上薄摊，用扇搧冷，略加揉挼，再略炒，入文火铛焙干”。

冯梦祯在《快雪堂漫录》中也详细说明了炒青绿茶的制作方法：“锅令极净，茶要少，火要猛，以手拌炒令软净，取出摊匾中，略用手揉之，揉去焦梗，冷定复炒，极燥而止。不得便入瓶，置净处，不可近湿。一二日再入锅，炒令极燥，摊冷。”

史籍记载涉及炒青绿茶制作中杀青、摊凉、揉捻和焙干等整个过程的全套工艺。作者对有些工序要注意些什么，为什么要注意，还做了进一步解释。如强调杀青后，要薄摊，用扇搧冷；这样色泽就如翡翠，不然就会变色。再则是原料要新鲜，叶鲜，膏液就充足。杀青讲究“茶要少，火要猛”，要“用武火急炒，以发其香，然火亦不宜太烈”；杀青后，“必须揉挼，揉挼则脂膏溶液，少数入汤，味无不全”。另外还提及，有些高档茶，如安徽休宁的松萝，在鲜叶选拣以后，还增加有一道将叶片“摘去叶脉”的工序。这些工艺和叙述，都达到了传统绿茶制造技术的最高水平，其中有些工艺和采制原则与现代炒青绿茶的制法已经极为相似，至今在一些名特茶叶生产中仍然广被沿用。正如现代茶学家陈椽教授所说，“这仍然是现时炒青制法的理论依据”。

在炒青绿茶一枝独秀的同时，明代的制茶工艺也获得了全面发展，基本茶类与再加工茶类陆续创制，进一步促进了茶叶消费以及散茶文化的繁荣。

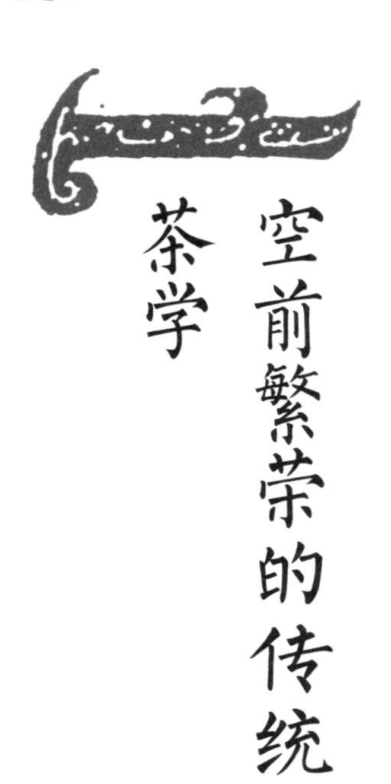

第二节 空前繁荣的传统茶学

在近代茶叶科学出现之前，中国古代茶书即代表了『传统茶学』。自陆羽撰《茶经》开创茶学为始，中国古代茶书或传统茶学经唐宋的发展，至明代后期和清初达到了一个巅峰。从茶树栽培、茶园管理的完善，到茶叶加工技术、理论的发展和茶叶产品的多样化，这些传统茶学内容都被完整地记录在明代数量丰富的茶叶著作中，代表了明代传统茶学的空前繁荣，也为中国近代茶学的建立奠定了坚实的基础。

万国鼎先生《茶书总目提要》共收录茶书 98 种，其中唐和五代 7 种，宋代 25 种，明代 55 种（绝大多数为万历以后茶书），清代 11 种。明代茶书较唐、五代、宋和清四代茶书的总和还多。朱自振先生在《明清茶书综述》中收录茶书和茶书书目共 187 种，其中唐和五代 16 种，宋元 47 种，明 83 种（有 4 种疑似清初，未作定论），清 41 种。明代茶书占中国古代茶书总数的 44.4%，且大多成书于嘉靖晚期至明朝覆亡（1552—1644 年）的 90 余年中。可见，明代后期中国古代茶书或者说传统茶学经历了一个突出的发展高潮。

明代学者许次纾（1549—1604年）所著的《茶疏》即是这一时期的代表茶书。《茶疏》成书于万历二十五年（1597年），正文约4700字，分为产茶、今古制法、采摘、炒茶、岕中制法、收藏、置顿、取用、包裹、日用置顿、择水、贮水、舀水、煮水器、火候、烹点、秤量、汤候、瓯注、荡涤、饮啜、论客、茶所、洗茶、童子、饮时、宜辍、不宜用、不宜近、良友、出游、权宜、虎林水、宜节、辩讹、考本三十六则，对茶树生长环境、茶叶炒制和储藏方法、烹茶用具和技巧、品茶方法及相关事项等做了详尽论述。

《茶解》也是一部综合性茶史著作。作者罗廪，字高君，明嘉靖、万历时慈溪（今浙江慈溪）人。《茶解》是罗廪在山居十年之中，亲自实践并潜心验证、总结丰富经验之后，约于万历三十七年（1609年）前后撰写而成。全书共3000余字，前为总论，下分原、品、艺、采、制、藏、烹、水、禁、器十目，较为全面地阐述了茶的产地、色香味、茶树栽培、茶叶采摘、制茶方法、储藏、烹饮方法、煎茶用水、禁忌事项以及采制和品饮器具等多方面内容。

明代茶书或传统茶学的风行和繁荣，与其时社会经济和文化特别是刻书事业的发展、繁荣有很大关系。这从明代茶书作者的籍贯也可见一斑。以朱自振《明清茶书综述》所列明代茶书为例，在有文献可稽的茶书作者中，苏南、皖南（包括今江西婺源）和浙江三地的作者和所写茶书，达33人共44种，均占全国总数的七成以上。

明代茶书的成书时间集中在明后期，地点集中在江南浙北，除了这一地区具有当时全国经济繁荣之邦、物产富庶之域、文人荟萃之地、文化发达之区的社会人文条件外，还与当时茶叶生产技术的较大发展密切相关。明代茶叶技术的进步体现在以下诸多方面。

茶树选种技术方面

唐代陆羽初步提出了一些良种标准，比如“笋者上，芽者次；叶卷上，叶舒次”。明代则开始注重茶树品种与产地的关系，而且在选择茶树种子和保存种实方面，已经摸索出一套科学实用的处理方法。如种子水选法，用水洗除去种子上附带的虫卵和病菌，淘汰发育不全而漂浮水面的瘪种，保留饱满充实的优质种子，再用晒种的方式控制种子的水分含量，使其更利于保存，同时提高发芽率。随着选育技术的进步，茶树优良品种逐渐增多，仅武夷茶名丛奇种就有先春、次春、探春、紫笋、雨前、松萝、白露、白鸡冠等众多品目。

茶树栽培方面

唐宋时期主要依靠种子直播方式繁殖茶树，即古书中记载的“二月中于树下或北阴之地开坎，圆三尺，深一尺，熟劚，著粪和土。每坑种六七十颗子，盖土厚一寸强。”。自明代后期开始，中国茶树栽培技术从“茶不可移，移必不活”的丛直播方式，发展到育苗移栽阶段。这一记载，今天仍可从清初方以智的《物理小识》中找到。其载：“种以多子，稍长即移，大即难移。”表明至迟到明末清初，茶树栽培便已进入运用无性繁殖技术的阶段。《建瓯县志》中记载，该县一农民，樵柴山区时发现一株茶苗，于是移回家中栽植，因墙壁倒塌，茶树枝条被压入土中，后来发根成活，由此发现了茶树压条无性繁殖的方法。茶树苗圃育苗不仅易于选择和培育壮苗，利于优良品种的繁殖，而且便于集中管理，节省种子和劳动力，从而确保新茶园迅速建成。

茶园管理方面

宋代即使是在茶树生长茂盛的私园，中耕除草也只是夏半秋初各一次，而明代认识到茶园土壤板结、草木杂生则茶树生长不可能茂盛，因此除了春天除草外，夏天和秋天还要除草、松土三四次。加大劳动投入使茶园土壤始终保持良好的通透性，第二年春季茶芽萌发数量增多，产量提高。关于茶园中耕施肥，则有“觉地力薄，当培以焦土”的记载。焦土是将土覆在乱草上焚烧，培焦土时在每棵茶树根旁挖一小坑，每坑放1升左右焦土，并记住方位，以便翌年培壅时错开。晴天锄过以后，可以用米泔水浇地，表明水肥管理常态化，符合茶树对所需营养物质供应的连续性。程用宾称其为“肥园沃土，锄溉以时，萌蘖丰腴”，对茶园耕作、除草、施肥、灌溉等一套生产环节进行高度概括，将实践经验上升到了理论高度。

古代茶山种植采摘场景图

| 王宪明　绘 |

茶树种植区域方面

茶树种植区域不仅要“崖必阳，圃必阴”，而且要注重茶场生态，将茶树与梅、桂、玉兰、松、竹、菊等清芳植物间作，形成先进的茶园复合生态系统。茶树与林果一同栽培，彼此根脉相通，既能使茶吸林果之芬芳，又有利于改善茶园小气候环境以及茶树的遮阴避阳，从而有效提高茶叶产量和品质。据研究表明，荫蔽度达到30%～40%时，茶树体内蛋白质、氨基酸、咖啡碱等含氮化合物的含量显著增加，并可有效提高鲜叶中茶氨酸、谷氨酸、天门冬氨酸等氨基酸的含量，从而使成茶滋味更鲜醇。茶园土壤则用干草覆盖，起到有效防止水土流失、抑制杂草生长、减少土壤水分蒸发和调节地温、增加土壤有机质和根际微生物含量的作用。茶园的生态条件得到改善，土壤肥力得以增加，促进了茶树生长，从而提高茶叶产量、改善茶叶品质，所以这种方法至今仍被茶园广泛使用。

溧阳生态茶园

梯田茶园与森林景观

| 陈大军　摄 |

茶叶采摘方面

现代茶学以采摘季节为标准，将茶叶分为春茶、夏茶、秋茶和冬茶4类。其中，春茶是大宗茶，其采摘时限也最为精确和重要。春茶贵早，早在唐代以前即已得到认识，陆羽《茶经》载，“凡采茶，在二月、三月、四月之间”，相当于公历的三月至五月，就是现在长江流域一带春茶的生产季节。唐代已经崇尚饮“明前茶”，阳羡贡茶之所以被称为“急程茶”，就是因为必须赶上朝廷每年举行的“清明宴”。而随历史气候转冷，江浙紫笋贡茶的发芽开采日期延后，无法赶在清明前送至长安供“清明宴”之用，贡焙也就由江浙南移到了福建。甚至有记载称，福建在立春后十日就开始采造茶叶了。

至明代，人们对春茶采摘的时间不再刻意求早，而是根据各地不同的环境条件与茶叶品质的不同要求进行区别对待，总结为“采茶之候，贵及其时”。明代茶人仍然看好明前茶，但也认可谷雨前后为春茶采摘适宜期，认为“太早则味不全，迟则神散”，并以“谷雨前五日为上，后五日次之，再五日又次之”为春茶品质进行排序，同时强调“立夏太迟，谷雨前后，其时适中。若肯再迟一二日期，待其气力完足，香洌尤倍”。说明已经将采摘季节与茶叶的色香味联系起来，认识到只有采之以时，待鲜叶内含物质充分积累，才能获得优质春茶。

除春茶以外，明代已经推行夏、秋茶的采摘。明代“世竞珍之”的罗岕茶就因“雨前则精神未足，夏后则梗叶太粗”而在立夏前后进行采收。秋茶的采收在明代中期以后已经较为普遍。程用宾在《茶录》中记，“白露之采，鉴其新香；长夏之采，适足供厨；麦熟之采，无所用之”，认为秋天也是适宜的采茶季节，且秋茶质量比夏茶更好。

明代在采茶标准与鲜叶采后处理等方面也达到与今天基本一致的水平。如炒青绿茶以一芽一叶、一芽二叶为采摘嫩度标准；采茶用具要求能够有效保持鲜叶的品质；鲜叶采下后必须经过拣择、清洗、摊放，剔除不符合标准的芽叶，同时散发部分水分和青草气，从而更有利于后续的茶叶加工。这些要求如今已经成为现代茶叶生产的基本工序。

竹庄逸士《茶景全图》之一：清末民初彩绘

竹庄逸士《茶景全图》之二：清末民初彩绘

竹庄逸士《茶景全图》之三：清末民初彩绘

竹庄逸士《茶景全图》之四：清末民初彩绘

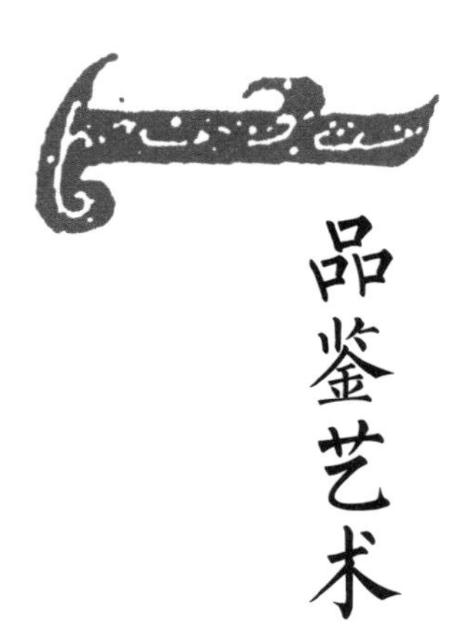

第三节 品鉴艺术

宋代以后，芽茶和叶茶的制作和饮用在民间日渐兴起，特别是明太祖朱元璋『罢造龙团，惟令采茶芽以进』的制度施行之后，芽茶特别是炒青芽茶、叶茶进入了全盛发展期，成为人们普遍饮用的茶叶种类。随着炒青茶类制作技术的发展和完善，烹茶方法也发生了相应变化，从唐代『以末就茶镬』的煮茶方式，经宋元时期以瓶注汤入盏冲击茶末并环回击拂的点茶方式，最终转变为入明以后的『撮泡』之法。

撮泡，是指用开水冲泡茶叶。与饼茶的煎煮和末茶的点泡相比，芽茶的撮泡之法更为简单、快捷，极易接受和推广，因此在炒青芽茶、叶茶替代蒸青饼茶、末茶占据茶类生产的主要位置时，用开水直接冲泡茶叶的方法随之成为明清时期最流行的烹茶技术。此法在许次纾《茶疏》、罗廪《茶解》、张源《茶录》、程用宾《茶录》等茶书中均有详细记载，主要步骤包括择水、备器、煮汤、洁器、投茶、冲泡、品饮等。

随着茶类和制茶技术的不断发展，烹茶方法也在反复经历着创新、发展、繁盛以及最终消逝的过程。正如煎茶、点茶、泡茶三种烹茶方法都曾各自流行于特定的历史时期，而如今饼茶、末茶早已湮没于历史长河之中，仅有芽茶、叶茶依旧盛行，因此，也只有简洁方便的泡茶程序得以沿传至今，成为传统烹茶技艺中流传最久远、使用最广泛的一种方法。

近年来，随着茶产业和茶文化的复兴和迅速繁荣，品目众多的名茶品种如雨后春笋般涌出，而且为了提升名茶的文化内涵，与茶叶产品一同推出的通常还有一套花哨的冲泡技艺。然而，无论这些新兴的泡茶技艺具有如何华丽的观赏性，其本质终究无法脱离千百年来传统泡茶技术所形成和表达的最基本的理念，即表现茶之隽永。这正是茶文化的魅力所在。

元代点茶：元代墓葬壁画局部线图

| 王宪明　绘 |

择水：名泉鉴水

《罗岕茶记》载：“烹茶，水之功居大。”《续茶经》载：“茶性必发于水，八分之茶遇十分之水，茶亦十分矣；八分之水试十分之茶，茶只八分耳。”这是说用高品质的水烹茶，可以弥补茶叶本身的不足，而低品质的水则会对茶品造成不利影响。《茶疏》亦载：“精茗蕴香，借水而发，无水不可与论茶也。”可见水质的好坏在激发茶叶色、香、味等方面具有很大影响。

宋徽宗赵佶在《大观茶论》中说，好品质的水“以清轻甘洁为美，轻甘乃水之自然，独为难得”。震君《茶说》表明，宜茶之水需具备“清、轻、甘、洁、冽”等品质，而符合这些条件的水又多隐匿于山川之中，颇为难得。然所谓“茶者水之神，水者茶之体”“茶之气味，以水为因”，觅水、试茶、评水自古即是爱茶的文人雅士重视并追求的。

唐代品泉家刘伯刍评出的宜茶之水有扬子江南零水、无锡惠山寺石水、苏州虎丘寺石水、丹阳县观音寺水及扬州大明寺水。

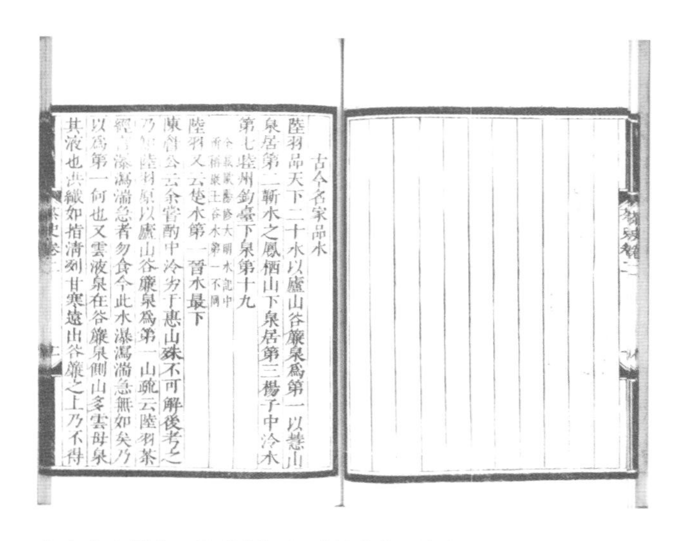
古今名家品水
陸羽品天下二十水以廬山谷簾泉爲第一以慧山
泉居第二蘄水之鳳栖山下泉居第三楊子中泠水
第七睦州釣臺下泉第十九今嚴州嚴陵大明水記中所稱嚴王谷水第一不同
陸羽又云楚水第一晉水最下
陳眉公云余嘗酌中泠劣于惠山殊不可解後考之
乃知陸羽原以廬山谷簾泉爲第一山疏云陸羽茶
經言瀑瀉湍急者勿食今此水瀑瀉湍急無如矣乃
以爲第一何也又雲液泉在谷簾側山多雲母泉
其液也洪纖如指清冽甘寒遠出谷簾之上乃不得

古今名家品水：清代刘源长《茶史》，蒹葭堂藏本

扬子江南零水

排名第一的扬子江南零水，又名“中泠泉”“龙井”，位于镇江市金山以西，中泠泉公园北。此泉原在江水之中，故有“扬子江心水”之称。中泠泉是由地下水沿石灰岩裂缝上涌而成，水性厚重，水质甘甜清洌，沦茗尤佳，因此被唐代品泉家刘伯刍奉为“第一泉”。历代文人名士慕名品评者众多，为中泠泉留下大量赞咏诗文。宋代杨万里《过扬子江》曰，“携瓶自汲江心水，要试煎茶第一功”；清代施润章《送张康侯之京口》曰，“中泠泉冠三吴水，北固山当万岁楼”；康熙皇帝亦作“静饮中泠水，清寒味日新。顿令超象外，爽豁有天真”之句赞之。清咸丰、同治年间，由于江沙堆积导致河道变迁，泉源随金山一同登陆而不得见。同治八年（1869年），候补道薛书常等人发现泉眼，遂在其四周叠石为池。同治十年（1871年），常镇通海道观察使沈秉成为中泠泉立碑、写记、建亭，后损毁。光绪年间，镇江知府王仁堪拓池40亩[1]，于池周建石栏、庭榭，并在方池南面石栏上镌刻“天下第一泉”五字。

金山中泠泉

| 谷为今　摄 |

1　1亩=666.67平方米。

无锡惠山寺石水

惠山泉位于惠山寺东，惠山头茅峰下白石坞间，今惠山山麓的锡惠公园内，为唐大历元年至十二年（766—777年）无锡令敬澄所开凿。惠山泉分上、中、下三池，上池呈八角形，池栏由八根方柱嵌八块条石构成，池深约三尺，水色透明、甘洌可口；中池紧挨上池，呈四方形，水体清淡；下池凿于宋代，呈长方形，实为鱼池，池壁有明弘治十四年（1501年）杨离雕刻的螭首，即石龙头，中池泉水即由石龙头注入大池之中。上、中池上有亭，始建于唐会昌年间（841—846年），历经废兴，现存为清同治初年重建。亭三面用铁栏护围，山体壁间嵌有元代书法家赵孟頫所书“天下第二泉”石刻。漪澜堂位于池前，供观泉品茗之用，堂北侧龙墙上“天下第二泉”五字为清代礼部员外王澍所书。惠山寺石泉水是经岩层裂隙滤过的地下水，因而杂质较少，水质“清澄鉴肌骨，味淡而清，允为上品”。其另一特点是不易变质，据记载：“政和甲午岁，赵霆始贡水于上方，月进百樽。先是以十二樽为水式泥印置泉亭，每贡发以之为则。靖康丙午（1126年）罢贡。至是开之，水味不变，与他水异也。寺僧法皞言之。”用惠山寺石泉水泡茶，则“茶得此水，皆尽芳味”，唐代品泉家刘伯刍和茶圣陆羽均将其评定为“第二”，因此惠山寺石泉又有“陆子泉”之称。历代文人名士对陆子泉推崇有加，赞咏诗作颇多，清代康熙、乾隆二帝南巡时亦曾多次到二泉品茗，并留下多处御碑、匾额和赞美之句。

无锡惠山寺石泉

| 谷为今　摄 |

剑　池

| 谷为今　摄 |

苏州虎丘寺石水

虎丘泉位于苏州市阊门外西北山塘街虎丘山。虎丘泉，“泉味清冽，宜于茗饮，瀹以本山茶尤佳”。所谓“茶者水之神，水者茶之体”，以虎丘寺石泉水冲泡虎丘寺茶，能使“真水显其神，精茶窥其体”，好茶好水相得益彰。茶圣陆羽在为了完善《茶经》，曾实地考察宜兴、无锡、丹阳、常州、苏州等地，其增订《茶经》的工作也主要在苏州虎丘进行，因此虎丘山上不仅建有纪念陆羽的楼，而且虎丘泉因“陆羽尝取此水烹啜”而有“陆羽泉”之称。

丹阳县观音寺水

观音寺泉又名“玉女泉”或“玉乳泉”，位于丹阳市北门外观音山下。“（广福）寺在练湖，传为日光佛灵异而建，上有第十一茶泉，名玉乳云。”玉乳泉为晋太元时（376—396年）开凿，泉栏呈八角形，青石质地，栏上刻有北宋陈尧佐所书“玉乳泉”三字。南宋景定四年（1263年），广福寺僧始建亭于泉上，并成为古邑胜景之一。观音寺水色白、甘冷、清冽，为泡茶之佳水。南宋陆游于孝宗乾道六年（1170年）由山阴（今浙江绍兴）赴任夔州（今重庆奉节）通判，路过丹阳时曾评价玉乳泉“名列水品，色类牛乳，甘冷熨齿”，表明当时观音寺水品质尤佳。而张履信于淳熙十三年（1186年）访丹阳时，却见玉乳泉“变为昏黑”，并因此赋诗以叹，“观音寺里泉经品，今日唯存玉乳名。定是年来无陆子，甘香收入柳枝瓶”。明代皇甫汸诗中亦有“寒云自覆金光殿，荒草犹埋玉乳泉”之句。可见，唐代曾列宜茶名泉第四位的玉乳泉，至南宋淳熙年间已几近荒废。

陆子祠

| 谷为今　摄 |

扬州大明寺水

大明寺泉位于蜀冈中峰大明寺的西花园内。以“天下第五泉”扬名于世的大明寺水深受文人雅士青睐。北宋欧阳修曾撰《大明水记》盛赞，“此井，为水之美者也”。张邦基在《墨庄漫录》中载，“东坡时知扬州，与发运使晁端彦、吴倅晁旡咎大明寺汲塔院西廊井与下院蜀井二水，校其高下，以塔院水为胜”。晁旡咎在《扬州杂咏》中亦感叹：“蜀冈茶味图经说，不贡春芽向十年，未惜青青藏马鬣，可能辜负大明泉。”明代嘉靖年间（1522—1566年），巡盐御史徐九皋立石，书“第五泉”。清乾隆二年（1737年），邑人汪应庚于寺侧凿池种莲，池中得石井，井水“清冽而甘，闻者争携铛茗瀹试焉，说者谓此正古第五泉也”，应庚“环亭跨桥其间，遂成胜境”，并由吏部员外王澍书“天下第五泉”。从文人墨客对大明寺泉的盛赞与感慨中，足见扬州大明寺泉水性之清美。

大明寺泉

| 谷为今　摄 |

备器

冲泡芽茶、叶茶时所用器具主要有茶铫、茶注（壶）、茶盏（瓯）等。

茶铫，即煮水器，材质以金或锡为宜，因“金乃水母，锡备柔刚，味不咸涩”。

茶注（壶），用以泡茶。早期冲泡芽茶的器皿以银、锡为主，后紫砂壶渐流行于世，遂取银锡制而代之。对于茶注（壶）的体积，则宜小不宜甚大，大约及半升。独自斟酌，愈小愈佳。

茶盏，用以品茶。《茶疏》载：“古取建窑兔毛花者，亦斗碾茶用之宜耳。其在今日，纯白为佳，叶贵于小。定窑最贵，不易得矣。宣、成、嘉靖，俱有名窑。”《茶解》亦载：“以小为佳，不必求古，只宣、成、靖窑足矣。”

子母锺与水注：[日]木孔阳《卖茶翁茶器图》，19 世纪中期

煮汤

煮汤，即烧水，其关键在于火候的掌控。许次纾《茶疏》载：“水一入铫，便须急煮。候有松声，即去盖，以消息其老嫩。蟹眼之后，水有微涛，是为当时。大涛鼎沸，旋至无声，是为过时。过则汤老而香散，决不堪用。”

程用宾《茶录》记载：“汤之得失，火其枢机，宜用活火。彻鼎通红，洁瓶上水，挥扇轻疾，闻声加重，此火候之文武也。盖过文则水性柔，茶神不吐；过武则火性烈，水抑茶灵。候汤有三辨，辨形、辨声、辨气。辨形者，如蟹眼，如鱼目，如涌泉，如聚珠，此萌汤形也；至腾波鼓涛，是为形熟。辨声者，听噫声，听转声，听骤声，听乱声，此萌汤声也；至急流滩声，是为声熟。辨气者，若轻雾，若淡烟，若凝云，若布露，此萌汤气也；至氤氲贯盈，是为气熟。已上则老矣。”

张源《茶录》载：“烹茶旨要，火候为先。炉火通红，茶瓢始上。扇起要轻疾，待有声，稍稍重疾，斯文武之候也。过于文，则水性柔；柔则水为茶降；过于武，则火性烈，烈则茶为水制。皆不足于中和，非茶家要旨也。”又载：“蔡君谟汤用嫩而不用老，盖因古人制茶，造则必碾，碾则必磨，磨则必罗，则茶为飘尘飞粉矣。于是和剂，印作龙凤团，则见汤而茶神便浮，此用嫩而不用老也。今时制茶，不假罗磨，全具元体，此汤须纯熟，元神始发也。故曰汤须五沸，茶奏三奇。”

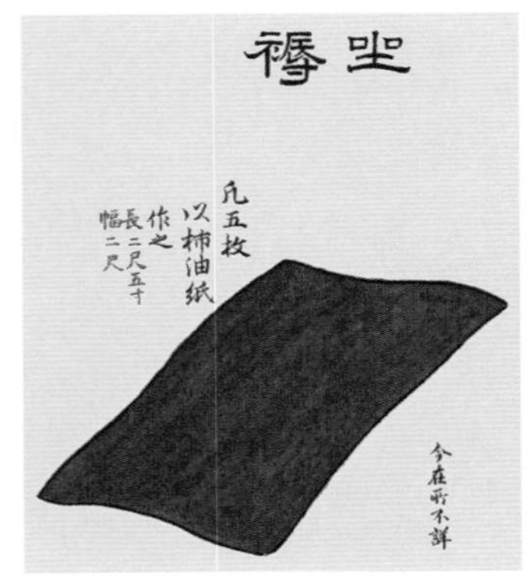

具列、尘褥与茶罐：[日]木孔阳《卖茶翁茶器图》，19世纪中期

洁器

在泡茶之前，需先用烧好的水涤器。“伺汤纯熟，注杯许于壶中，命曰浴壶，以祛寒冷宿气也。”用开水冲洗茶具，既能起到清洁的作用，又可以温热茶具，以更好地激发茶香。

待品啜结束之后，也要及时弃去茶具中的茶渣，并清洗、擦拭、收藏，以备下次再用。如程用宾《茶录》所载：“倾去交茶，用拭具布乘热拂拭，则壶垢易遁，而磁质渐蜕。饮讫，以清水微荡，覆净再拭藏之，令常洁冽，不染风尘。”“饮茶先后，皆以清泉涤盏，以拭具布拂净，不夺茶香，不损茶色，不失茶味，而元神自在。”

投茶

洁具温器之后，即可投茶，张源《茶录》载：“探汤纯熟便取起，先注少许壶中，祛荡冷气，倾出，然后投茶。”“投茶有序，毋失其宜。先茶后汤，曰下投；汤半下茶，复以汤满，曰中投；先汤后茶，曰上投。春、秋中投，夏上投，冬下投。”程用宾称投茶为“交茶”，其法与投茶相同，“汤茶协交，与时偕宜。茶先汤后，曰早交。汤半茶入，茶入汤足，曰中交。汤先茶后，曰晚交。交茶，冬早夏晚，中交行于春秋”。

由上述记载可知，投茶有上投、中投、下投三种方法：上投是指先冲水，后投茶；中投是指先冲适量水，置茶后再冲适量水；下投是指先投茶，再冲水。此三种方法的使用需要配合茶叶品种和季节，如芽叶细嫩之茶则选择上投，较粗老者选下投；春、秋两季用中投，夏季用上投，冬季则用下投。

冲泡

据张源《茶录》记载："茶多寡宜酌，不可过中失正。茶重则味苦香沉，水胜则色清气寡。"又载："稍俟茶水冲和，然后分酾布饮。"冲泡时需视投茶量的多寡来决定冲水量，如果水量过少，则茶汤滋味浓重苦涩；如果水量过多，则茶汤色泽滋味寡淡。待茶水冲和之后，即可适时分茶品饮。

上述冲泡法适用于炒青绿茶，而冲泡明代特有的蒸青岕茶则另有他法。许次纾《茶疏》记载："岕茶摘自山麓，山多浮沙，随雨辄下，即着于叶中。烹时不洗去沙土，最能败茶。必先盥手令洁，次用半沸水扇扬稍和洗之。水不沸，则水气不尽，反能败茶，毋得过劳以损其力。沙土既去，急于手中挤令极干，另以深口瓷合贮之，抖散待用。"另据冯可宾《茶录》载："以热水涤茶叶，水不可太滚，滚则一涤无余味矣。以竹箸夹茶于涤器中，反复涤荡，去尘土、黄叶、老梗净，以手搦干置涤器内盖定。少刻开视，色青香烈，急取沸水泼之。夏则先贮水而后入茶，冬则先贮茶而后入水。"又有罗廪《茶解》载："岕茶用热汤洗过挤干，沸汤烹点。缘其气厚，不洗则味色过浓，香亦不发耳。自余名茶，俱不必洗。"岕茶沙土较重，且由于其为蒸青绿茶，味道重于炒青，因此在投茶之后、冲泡之前增加"洗茶"程序，既能洗去茶叶的尘垢和冷气，又可调节茶味，使茶汤不至过浓过重。

品饮

冲泡之后则需酾茶、啜茶，即分茶、品饮。酾茶和啜茶均讲求“适时”，过早过晚都损茶味，酾茶过早则茶之精髓未至，啜茶过迟则茶之神韵已消。即“协交中和，分酾布饮，酾不当早，啜不宜迟，酾早元神未逞，啜迟妙馥先消”。

此外，啜茶人数也有一定要求，宾客通常不过四人，超过则伤品雅趣。《茶录》载：“毋贵客多，溷伤雅趣。独啜曰神，对啜曰胜，三四曰趣，五六曰泛，七八曰施。”又载：“毋杂味，毋嗅香。腮颐连握，舌齿啧嚼，既吞且啧，载玩载哦，方觉隽永。”再有《煎茶七类》述，尝茶之前需“先涤漱，既乃徐啜，甘津潮舌，孤清自增，设杂以他果，香味俱夺”。啜茶时应先漱口，且不杂以其他食物、香薰之味，这样才能更好地感受到茶汤之隽永。

文徵明惠山茶会图卷

| 故宫博物院藏 |

紫砂茗壶

水为茶之母，器为茶之父。茶器历史悠久、种类繁多、材质各异，其中宜兴紫砂茶壶因更能表现茶的品质而深受青睐。明代周高起《阳羡茗壶系》载：“近百年中，壶黜银锡及闽豫瓷，而尚宜兴陶，此又远过前人处也。陶曷取诸，取其制，以本山土砂能发真茶之色香味。”“今吴中较茶者，壶必言宜兴瓷。”名手所制宜兴紫砂壶，“一壶重不数两，价重每一二十金，能使土与黄金争价”。

宜兴紫砂壶之所以能够具有“倾金注玉惊人眼”的极高价值，除了紫砂泥为其提供了原料物质基础以外，更为重要的是以下两个原因：一是紫砂壶与中国传统茶文化及饮茶方式相契合，能够“发真茶之色香味”，成为茶文化的重要组成部分；二是宜兴紫砂壶不仅制作工艺精湛，而且有着深厚的文化艺术底蕴，融合了书法、绘画、文学、雕塑等艺术形式，具有实用和艺术鉴赏的双重特性。

紫砂提梁壶

| 王宪明　绘，原件藏于南京市博物馆 |

宜兴属崧泽文化和良渚文化分布区，有“陶都”之称，其制陶历史可追溯至新石器时代，至今已有5000多年，当时宜兴地区主要生产红陶、夹砂红陶和少量灰陶。三国至南北朝时期，江南社会经济环境良好，宜兴的陶瓷业，特别是青瓷制造业迅速发展起来。到了宋代，作为宜兴重要陶器门类之一的紫砂陶逐渐崭露头角。考古发掘证明，宜兴手工紫砂陶艺始于北宋初年，最初以制作缸、坛、罐及煮水用的大体量砂壶等生活器具为主，胎质较粗，制作工艺也不够精细。由此看来，虽然宋时砂壶与茶已渐结盟，但紫砂壶仍未做泡茶之用，这种情况直至明代前期仍未见变化。现存最早的紫砂壶实物，是南京中华门外马家山油坊桥明嘉靖十二年（1533年）司礼太监吴经墓中出土的紫砂提梁壶。此壶通高17.7厘米，宽19.0厘米，仍属用于煮水的大体量砂壶。按照周高起《阳羡茗壶系》所记推测，大约从嘉靖后期开始，随着紫砂陶器与传统茶文化的结盟，以及芽茶的普及和冲泡法的流行，生活用大体量紫砂陶器开始向备受文人雅士推崇的小型紫砂茶器方向发展，并逐渐融合诗词、书法、绘画、雕刻等其他艺术形式，形成了独具特色的紫砂茶器文化。

紫砂茶器形式多样，茶瓯、茶盏、茶杯、茶碗、茶罐、茶壶等品类俱全，其中又以茶壶最受青睐，为紫砂茶器的代表之作。紫砂壶之所以风靡于世，一是由于紫砂壶泡茶无异味，且能够留住茶香；二是紫砂壶制作工艺精良，器形多样，除饮茶以外更适宜玩味观赏；三是宜兴紫砂壶制作大师与文人墨客一起，将壶艺与书法、绘画、篆刻等艺术形式完美结合，使紫砂壶不仅具有实用价值，而且达到了极高的文化艺术层次。

周高起

《阳羡茗壶系》载金沙寺僧创紫砂壶制作技法：

创始金沙寺僧，久而逸其名矣。闻之陶家云，僧闲静有致，习与陶缸瓮者处，抟其细土，加以澄练；捏筑为胎，规而圆之，刳使中空，踵傅口、柄、盖、的[1]，附陶穴烧成，人遂传用。

金沙寺位于宜兴市湖㳇街村寺山南麓，原为唐昭宗时宰相陆希声避战乱所建，后改禅院，宋熙宁三年（1070年）赐额“寺圣金沙”。在距离金沙寺遗址1000米处有大型古代龙窑群遗址，并有少量紫砂残器碎片出土，表明这里曾拥有较为发达的制陶业。紫砂壶制作技法的“开创者”，即是在金沙寺修行的僧人。金沙寺僧的真实姓名已无从考证，但其制壶技艺却流芳后世。

继金沙寺僧“创始”紫砂壶制作技法之后，供春作为“正始”之人，将此技艺传承、改进并发扬。供春原是宜兴进士吴颐山的家童，颐山在金沙寺读书时，供春随其入寺服役。闲暇之时，供春偷学金沙寺僧独特的制壶技艺并加以改进。供春的创作盛期大致在明正德年间（1506—1521年），其传世之壶不仅蕴藏了佛家禅定、质朴的内涵与境界，而且融入了文人墨客的古雅气质，深受世人推崇。

1 的，也可以称为“的子”，就是壶钮。

继供春将紫砂壶艺发扬之后，万历年间（1573—1620年）的制壶巨匠时大彬又将紫砂壶艺推向一个新的高度，使之成为文人雅士无不珍视的案头珍玩。时大彬是万历前期茗壶“四大家”之一时朋的儿子，他制壶讲究泥料和款式，并确立了至今仍为紫砂业沿袭的打身筒成型法和泥片镶接成型法，在紫砂壶制作技艺上取得了卓越成就。

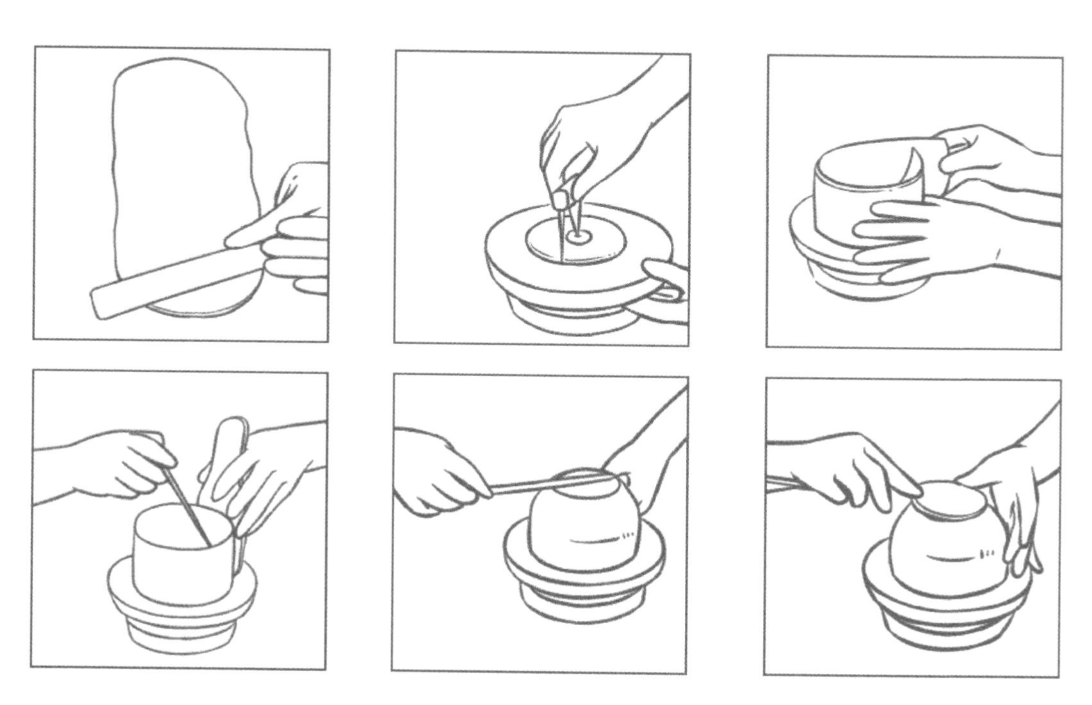

圆形紫砂壶“打身筒”工艺流程图（部分步骤）

| 王宪明　绘 |

第一，将炼好的熟泥开成一定宽度、厚度和长度的“泥路丝”；第二，将“泥路丝”打成符合所制器皿尺寸要求的泥条和泥片；第三，划出泥条的阔度，旋出器形的口、底和围片；第四，将围片粘贴在转盘正中，泥条沿围片圈接成泥筒，并修正两段重合的部分；第五，匀速转动装盘，一手衬在泥筒内，一手握薄木拍子拍打圆筒，待成型后将身筒翻过来以同样方式拍打，并逐步收口制成空心壶身；第六，用泥料搓成壶嘴、壶把，并在壶身上加接壶颈、壶盖、底足等。

明清之际的政权更迭使紫砂壶制造业的发展受到一定影响，因此清初顺治和康熙前期是壶艺发展的低谷，直至康熙后期才重新进入空前发展阶段。在这一时期，紫砂壶制作技术在艺术性和装饰性上均获得较大发展，在此方面最具影响和贡献最大的代表人物当首推陈鸣远。陈鸣远是宜兴人，主要创作期集中在康熙年间。其主要成就是开创了壶体镌刻诗铭之风，把中国传统绘画、书法的装饰艺术和书款方式引入紫砂壶的制作工艺，并大大发展了自然形砂壶的种类，使自然形与几何形和筋纹形一起跻身紫砂茶壶的三种基本造型之列。

此外，清代在紫砂壶的装饰手法上还出现了珐琅、釉彩、镂空、堆花和描金等技术，使得陶艺与书画艺术融合更为紧密，而陈鸿寿等书画大家的参与最终使得紫砂壶真正发展成为一种集制壶技术与诗、书、画、篆刻、造型于一身的独特艺术形式。陈鸿寿（1768—1822年）是清代著名书法家、篆刻家、诗人和画家。他以卓越的书画艺术造诣设计了几十种紫砂壶款式，并由当时的制壶名匠杨彭年、杨宝年、杨凤年、吴月亭、邵二泉等人制成造型艺术与书画艺术完美结合的“曼生壶”，在造型、用料、落款及铭刻上对后世的紫砂壶艺发展产生了巨大影响。时至今日，这些艺术元素仍被大量采用。

初创于北宋年间的紫砂壶，至明正德年间由金沙寺僧和供春等人传承、改进后大为流行，至今已有近千年的历史。在此期间，制壶名家和文人雅士将制壶技艺与诗词、书法、篆刻等艺术形式完美结合，创造出众多集艺术价值与使用价值于一身的壶中珍品。

紫砂茶壶造型繁多，主要分为圆器、方器、筋纹器、自然型，其中每一类别又可分出若干小类，因此有“方匪一名，圆不一相”之誉，而且各历史时期所偏重的主流器形以及艺术风格都有所不同。明代嘉靖以前的紫砂壶泥料较粗，造型多为圆器，简朴无装饰、印款，且容量较大，尚未完全从生活器皿中分离出来。明代中晚期的紫砂壶泥料更为纯正，且注重色泽调配，造型丰富多样，主要是仿青铜器、瓷器造型和筋纹造型，崇尚“不务妍媚，而朴雅坚粟，妙不可思”，并流行刻款，具有较强的艺术性。清初康熙至乾隆年间的紫砂壶器形以花货为主，且为满足宫廷审美需求而出现浮雕、镂空、泥绘、彩釉多种装饰方法，可谓“集各代陶瓷装饰之大成”，并流行钤印盖章，富有浓郁的文化气息。清代中晚期紫砂器型以壶面简洁大方的光货为主，书法、绘画、篆刻等艺术形式成为壶体的主要装饰，壶艺与文化融合得更为紧密。清末至民国初年，紫砂壶艺发展迟缓，仿古作品较多。中华人民共和国成立以后，紫砂壶在造型和装饰等方面才重新有了创新和提高。

紫砂壶的发展在明万历以后进入高峰期，仅周高起在《阳羡茗壶系》中就记录制壶名家30余人，他们留下了许多传世珍品。这些紫砂壶的特点为：砂泥颗粒较粗，胎身捏筑时留下的指印清晰可见，壶内流为单孔，器形古朴自然。在此就明代茗壶略作展示，供读者赏鉴。

明代茗壶鉴赏

供春款六瓣圆囊壶

| 王宪明　绘，原件藏于香港茶具文物馆 |

壶高 9.9 厘米，宽 11.8 厘米，壶底有供春刻款“大明正德八年”铭。

供春，又作龚春，正德、嘉靖间人，四川参政吴颐山家童。作品特点“栗色闇闇如古金铁，敦庞周正”。

时大彬仿供春系带紫砂壶

| 王宪明　绘 |

时大彬，号少山，万历时人，时朋之子，他确立的用泥片和镶接凭空成型的高难度技术体系至今仍为紫砂业沿袭，“三妙手”之一。主要作品有提梁壶、六方壶、玉兰花瓣壶、僧帽壶、印包方壶、橄榄壶等。

时鹏款水仙花瓣方壶

| 王宪明　绘，原件藏于香港茶具文物馆 |

壶高 9.0 厘米，宽 10.5 厘米，泥为冷金黄梨皮色，壶嘴仰略弯，壶身腹下为六方造型，腹上渐收敛而成六瓣筋纹圆口，壶盖亦为水仙花六瓣圆条形纹饰，与壶身筋纹相吻合，盖钮为六瓣圆条形花蕾，壶流、壶把也以圆的线条作成，与壶身浑然一体，形制不侈不丽，典雅拙朴，壶底刻款“时鹏”。

时鹏，又作时朋，万历时人，时大彬之父，“四名家”之一，作品以古拙见长。

董翰款赵梁壶

| 王宪明　绘 |

壶高 20.0 厘米，宽 18.0 厘米，壶身似蛋形，高脚、高颈、平盖，桃形钮，三弯流，扁浑提梁。提梁内刻有“董翰后奚谷”，间钤“董翰”篆文方章。

董翰，号后溪，万历时人，始创菱花式壶，作品以文巧著称，“四名家”之一。

李茂林款菊花八瓣壶

丨王宪明　绘，原件藏于香港茶具文物馆丨

壶高 9.6 厘米，宽 11.5 厘米，壶身呈菊花状，造型古朴高雅，底刻款“李茂林造”四字楷书款。

李茂林，名养心，万历时人，擅制小圆式壶，妍丽而质朴，世称“名玩”，因排行第四，故又以“小圆壶李四老官”得名。主要作品有菊花八瓣壶、僧帽壶等。

李仲芳款觚棱壶

丨王宪明　绘，原件藏于香港茶具文物馆丨

壶高 7.2 厘米，宽 9.2 厘米，材质为紫泥掺细砂，壶呈覆斗状，直口，矮颈，硕底，四角边足，直流，圆环飞把手。盖为坡式桥顶。壶底刻有“仲芳”二字楷书款。

李仲芳，万历时人，李茂林之子，时大彬第一高足，作品制法精绝，偏重文巧。主要作品有觚棱壶、圆扁壶、仲芳小壶等。

时大彬款提梁壶

| 王宪明　绘，原件藏于南京博物院 |

壶高 20.5 厘米，壶高 12.0 厘米，口径 9.4 厘米，紫泥调砂，造型敦朴稳健，款署于器盖子口外侧，为阴刻楷书“大彬”二字，另钤藏壶者篆书阴文“天香阁”小方印。

时大彬制玉兰花六瓣壶

| 王宪明　绘，原件藏于香港茶具文物馆 |

壶高 8.0 厘米，宽 12.1 厘米，壶呈紫褐色，砂质隐现，造型成六瓣形，壶底有“万历丁酉春时大彬制”楷书款。

徐友泉款平肩橄榄壶

| 王宪明　绘 |

壶高 16.5 厘米，宽 19.2 厘米，胎泥色细润，制作光洁。壶身为橄榄式，嵌盖凸起，似瓷器将军罐盖，三弯嘴，大圈把，造型奇崛，有明显源于瓷器之造型。此壶器型硕大，为明代早期作品特征。底部用竹刀刻“行吟月下山水主人士衡”十字楷书款，盖内有“士衡”篆书长方章。

徐友泉，名士衡，万历时人，幼年即从师时大彬，他对紫砂工艺在壶式和泥色方面有杰出贡献，另擅于制作仿古铜器壶，极具古拙韵味。主要作品有平肩橄榄壶、仿古虎錞壶、仿古盉形壶、龙凤壶等。

徐友泉仿古虎錞壶

| 王宪明　绘 |

壶高 7.7 厘米，宽 8.4 厘米，器身呈棕色，表面如“梨皮”，造型似青铜虎錞，壶底刻有“万历丙辰七月友泉”楷书款。

蒋时英款海棠树干壶

| 王宪明　绘 |

壶身呈海棠树干状，并点缀海棠茎、叶于其上，壶嘴和壶柄为树枝状，壶钮似一根弯曲的短枝。此外，在壶身的树枝上有一只鹰，树下为一只熊，即隐喻“英雄”，而海棠旧时有“美人”之说，因此此壶又称“英雄美人壶”。壶底刻有“万历亏丑”四字年款。

蒋伯荂，名时英，初名伯敷，万历时人，时大彬弟子，他的作品雅而不俗，坚致严谨，后人誉称他的作品为“天籁阁壶”。

惠孟臣款朱泥折腹壶

| 王宪明　绘 |

壶高 6.6 厘米，宽 18.2 厘米，口径 4.9 厘米，壶身轻而平滑，其上刻有卢仝的《走笔谢孟谏议寄新茶》：“一碗喉吻润，两碗破孤闷，三碗搜孤肠，唯有文字五千卷。四碗发轻汗，平生不平事，尽向毛孔散。五碗肌骨清，六碗通仙灵，七碗吃不得也，唯觉两腋习习清风生。”壶底落款“平生一片心孟臣”。壶盖以钮为圆心，环形刻就“卢仝七碗香”五字。

惠孟臣，明天启至清康熙间宜兴人，时人评惠氏制壶“大者浑朴，小者精妙”，以竹刀划款，盖内有“永林”篆书小印者最精，后世称为“孟臣壶”。主要作品有朱泥折腹壶、朱泥壶、梨形壶、扁腹壶等。

第五章

茶的流动

清代茶的盛衰

清代是茶业大起大落的时期，究其原因，一方面是中国茶业发展自身存在的问题，另一方面是国际市场竞争的结果。西方无茶，也无饮茶的习惯。自17世纪初荷兰东印度公司把茶运销西欧以后，这种中国特有的被称为『草药汁液』的饮料，很快就在欧洲和全球范围风行开来，中国的茶业随出口需要也迅速发展起来。但至19世纪80年代中期，随着英国在南亚殖民地茶业的发展，中国曾经独占的国际茶叶市场迅速被挤占，茶叶出口逐年锐减，茶园荒芜，在一片衰败的哀怨声中，中国传统茶业开始向近代茶业转型。

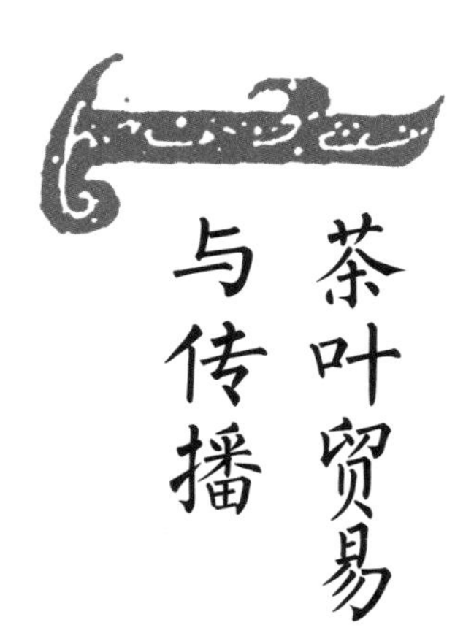

第一节 茶叶贸易与传播

在清代出口贸易的链条中，茶叶从产地运往消费地前必须先经过代理商或驻产地的出口商转给消费地的进口商，再由消费地的进口商将茶叶输出。此链条中最重要的两个环节，即产地的出口商和消费地的进口商，分别由广州十三行和英国东印度公司充当。十三行是清政府指定专营对外贸易的垄断机构，从1686年设立至1856年被毁，行使茶叶贸易垄断权近两个世纪。英国东印度公司可以说是与中国进行茶叶贸易的欧洲众多东印度公司中的『商业之王』，其创造了世界最大的茶叶专卖制度。

优越的地理环境和清政府的特殊政策等优势条件，使广州发展成为对内、对外都极其繁荣的贸易口岸。对内贸易方面，从北至南、从西到东，中国各地物产都运至广州买卖；对外贸易方面，中国与西方众多国家的贸易几乎均于广州进行。

1685年“四口通商”之后，为接待日益增多的外商，广州商人纷纷在城西珠江边上的十三行附近修建房屋供外国商人居留，众多欧美国家也相继在广州设立商馆。由于当时广州对外贸易多集中于此，而且越来越多的国家在此开设商馆，所以“十三行”与“洋行”逐渐被混在一起，代指广州的行商。

广州鸟瞰图：清乾隆时期彩绘，绢本，约 1770 年，大英图书馆

广州珠江滩景图：清乾隆时期彩绘，绢本，约 1770 年，大英图书馆

行商是清政府承认的惟一贸易机构，中国内地散商贩卖的货物只有经过行商，在广州重新打包、称重并加戳之后才能出口。十三行在严格的行商制度下垄断对外贸易，同时又代表清政府对外商进行管制，成为既有管理权又有经营权的“特权商人”。

十三行的行商必须具备条件才能获得执照，经营“来货物令各行公司照时定价销售，回国货物亦令各行商公司照时定价代买”等业务。而“公行之性质原专揽茶、丝及各大宗贸易”，且18、19世纪来中国的外国商船基本都以茶叶贸易为主，所以广州十三行实际上主要从事的是茶叶贸易。特别是1757年“一口通商”之后，茶叶要先运至广州交由十三行才能进行贸易，所以十三行基本上独揽中国茶叶出口贸易大权。

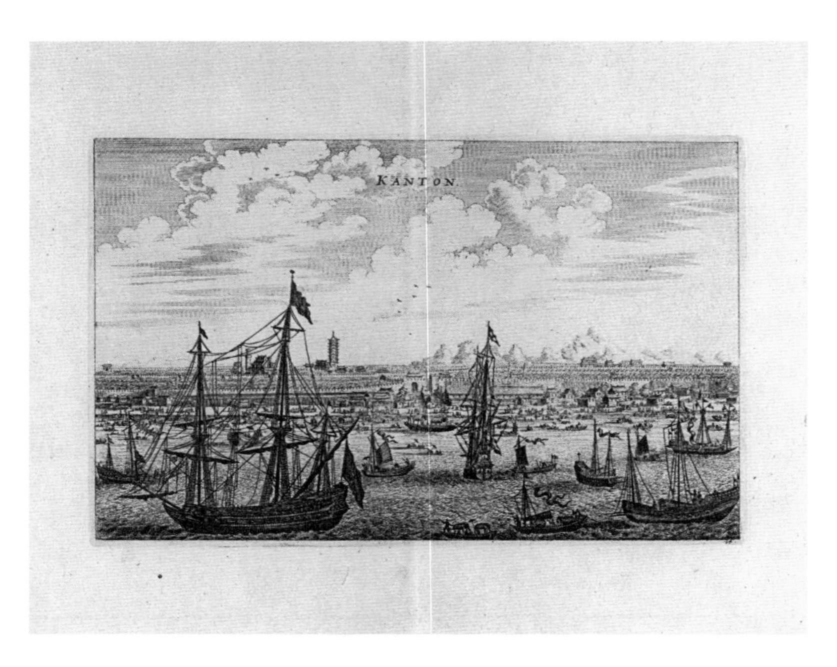

广州：[荷兰] Jean Nieuhoff《荷兰东印度公司使节团访华纪实》，法文本，1865年

在18世纪至19世纪初的一段时间，十三行的贸易体制运转良好，正如研究英国对华贸易的历史学家米切尔·格林堡在《鸦片战争前中英通商史》一书中对广州行商的评价，“行商的诚实和商业上的诚笃，已经成为相距遥远的伦敦城街巷和孟买商业区的话柄”。广州十三行独揽中国的茶叶出口贸易近两个世纪，直到1842年中英签订《南京条约》之后，才取消广州行商长期以来对外贸的垄断地位和特权。

茶叶贸易的具体过程是：在上一个贸易季度结束时，外商与行商提前签订下一个贸易季度所需茶叶数量、等级、价格的合约，并支付行商一定数额的预付款；行商将此款项预付给茶商，用于支付到安徽、福建等茶区向茶农订购茶叶的费用；茶农在清明前后将新茶交给茶商，以保证行商及时供给外商预定的茶叶，这样就形成了一个“茶农—茶商—行商—外商”的茶叶流通体系。

茶行收购的新茶和雇工：晚清照片

| 中国国家博物馆藏 |

有的地方称茶叶收购商为“螺司”，他们深入茶山，向零星茶户（茶叶生产者）收购大量的毛茶，然后卖与茶行商人。由茶行商加工，运销茶商输往各地或国外。

如果说广州十三行垄断了中国茶叶出口贸易，那么在17—18世纪欧洲众多东印度公司中实力最雄厚的英国东印度公司，又在一定程度上垄断了西方国家对华茶叶贸易，特别是经由海路的茶叶进口和转销。

英国东印度公司是由议会核准、法律承认的国家企业，其核心机构是由负责商船贸易事宜的大班组成的管理会。最初的管理会由随船大班临时组成，每个贸易季度结束后需随原船返回英国。从1755年贸易季度开始，管理会由“临时”变成“常驻”，大班可以不必随船返回，而是留在广州订购下一个贸易季度的茶叶，并由一个常驻管理会代替其他管理会订购投资货物。

1770年，永久性管理会建立。组成管理会的大班常驻广州，在当年贸易季度结束后留在中国购买因过季而跌价的“冬茶”，还将与行商签订下一个贸易季度所购新茶的合约，并向行商预先支付定银，价值为合同上茶叶总价值的50%～80%。也就是说，东印度公司通过预付茶叶货款给行商的方式，确保来年有足够的茶叶装船，达到公司在每年贸易季度都能够拥有充足茶叶货源的目的。这样就形成一个“行商—管理会—大班—英国”的茶叶外销链，与之前的流通体系“茶农—茶商—行商—外商”相连接，便形成“茶农—茶商—行商—管理会—大班—英国”完整的茶叶产销体系。此后，这种完善的管理制度一直负责所有东印度公司对华的茶叶贸易，直至1834年该公司对华贸易的垄断权终止。

中英茶叶贸易

17世纪初，荷兰人从澳门把茶叶运至欧洲，掀起欧洲社会各界的饮茶之风。此后，茶叶源源不断地输往欧洲各国，继而由欧洲移民带到美洲大陆，中国海上茶叶出口贸易逐渐发展起来。18世纪，中国与英国、荷兰、法国等国家的茶叶贸易日益繁荣。18世纪初至鸦片战争前的一百多年，是中国茶叶出口贸易最为辉煌的一段时期。在这一时期，茶叶取代丝织品，成为众多国家与广州的贸易中最主要的商品。中国先后与英国、荷兰、法国、瑞典、丹麦、美国等国家建立贸易联系之后，茶叶出口量及其在土货出口货值中所占的比重迅速攀升，在有些国家有些贸易季度所购货物的清单中，茶叶甚至是惟一商品。继1689年开始从厦门购买茶叶之后，英国东印度公司成功登陆广州市场，正式展开了与“十三行”的贸易联系。茶叶不再像从前那样只在药店或咖啡馆销售，而是开始在英国的杂货铺中出售，而且出售茶叶的杂货店还有特定的名称，用以区别不出售茶叶的杂货店。此后，中英茶叶贸易快速发展。

18世纪后半叶，英国东印度公司每年从中国购买的茶叶几乎都占总货值的50%以上，有的贸易季度甚至超过90%。进入19世纪后，茶叶几乎成为该公司来华购入的惟一商品。中英双方都在繁荣发展的茶叶贸易中获利丰厚。1834年，英国东印度公司的专卖权虽然被终止，但当年在英国从广州进口的主要商品中茶叶仍居首位。第一次鸦片战争之后，英国对华茶的需求量仍然不断攀升，鉴于茶叶贸易日趋重要和茶叶本身的季节性因素，英国商人力求快速运输，以新式快剪船替代了东印度船只，航行速度大大提升，茶叶贸易以惊人的速度迅猛发展。

中荷茶叶贸易

16世纪末以前，中国与欧洲的贸易航线由葡萄牙人独占，葡商从澳门装载中国土货运至里斯本，再由荷兰商船转运至法国、荷兰及波罗的海各港口。1596年，荷兰4艘商船于6月抵达爪哇万丹，并设立货栈，直接收购中国等东方国家的土货以运至国内。此后，越来越多的商船直接抵达中国及日本等国。到了1602年，至少有65艘荷兰商船参与贸易，引发了激烈的商业竞争。为解决这种国家内部竞争，1602年，荷兰东印度公司在海牙成立。该公司从成立之日起即开始与中国进行贸易往来，并于1606年从澳门装运茶叶至爪哇，又于1610年首次将茶叶运到欧洲。

虽然荷兰从1610年起就将中国茶叶运至欧洲，但直到18世纪20年代以前，荷兰一直按清政府规定以巴达维亚为中心，间接与中国进行茶叶贸易，直至1729年才获准第一次直接到广州开展贸易活动。此后，荷兰人也将茶叶作为从广州购买的主要货品。1734年，输入荷兰的茶叶有885567磅；到1739年，茶叶即占据了荷属东印度公司购入商品的主要位置；1734—1784年，该公司每年平均输入荷兰的茶叶数量达到350万磅。至18世纪中后期，荷兰东印度公司所购茶叶数量有时甚至超过英国。

巴达维亚：[荷兰] Jean Nieuhoff《荷兰东印度公司使节团访华纪实》，法文本，1865年

中美茶叶贸易

在与广州建立茶叶贸易关系的国家中，美国后来居上。17 世纪中叶，荷兰人将茶叶及饮茶习俗传入其美洲殖民地新阿姆斯特丹，当时饮茶已成为美洲贵族的一种社交时尚。1674 年，新阿姆斯特丹归为英国管辖，更名纽约，由此英国掌控了北美殖民地的茶叶来源。直至美国独立后，中美才正式直接茶叶贸易。

1784 年 8 月 30 日，第一艘美国商船“中国女皇号”取道好望角到达广州，并于第二年 5 月 15 日满载中国茶叶、丝绸等商品返抵纽约，获利达 3 万多美元。这次划时代的航行拉开了美国与广州茶叶贸易的序幕，因此被美方认为是“最幸运的开端”。“中国女皇号”的这次成功航运轰动了美国社会，也提振了美国商人赴华贸易的积极性，为茶叶大规模输入美国创造了有利条件。据统计，从 1784 年至 1794 年，共有 47 艘美国商船至中国广州进行贸易，茶叶贸易量年均 139 万余磅。此后，每个贸易季度美国都有商船到广州进行贸易，美国与广州的茶叶贸易进入飞速发展阶段。据统计，1794—1812 年，美国到中国的商船有 400 艘。1800 年，进入广州的美国商船数量首次超过英国。

19 世纪 20—40 年代，美国社会经历了两个历史性变化：一是商业资本向工业资本转化，二是农业经济向商品化阶段迈进。在这两个变化的刺激下，美国与广州的茶叶贸易迅速发展，并在第一次鸦片战争前夕达到历史最高水平。

第二节 茶叶与鸦片战争

在全球茶叶市场需求量飞速增长的同时，清代华茶出口贸易在经济中占据着最重要的位置。长期以来，发达的手工业、农业以及庞大的国内消费市场，使中国长期没有对外国商品的进口需求，这导致英国东印度公司等欧洲企业只能以白银换取中国的茶叶和丝绸等商品，全球白银随之流入中国，欧洲因此爆发了白银危机。随着茶叶贸易的飞速发展，手握贸易垄断权的英国东印度公司，在从对中国的茶叶贸易中获得巨额税收和商业利润的同时，出现了严重的贸易逆差。18世纪70年代，英国东印度公司开始用棉纺织品从印度换取大量鸦片，运至中国换取茶叶，逐渐构建起『东方三角贸易体系』，以平衡因白银外流引起的贸易逆差。此后，英国东印度公司走私的鸦片汹涌进入中国，并最终导致了鸦片战争的爆发。

最初，鸦片作为药材由葡萄牙人合法限量地通过澳门输入中国。1767年以前，每年输入中国的鸦片不超过200箱。随着英国东印度公司开始走私鸦片，输入中国的鸦片数量快速增长。至19世纪，进入中国的鸦片数量几乎每年都成倍增长。鸦片战争前夕，年均已高达3万多箱。在鸦片加速流入中国的同时，白银则以惊人的速度从中国倒流西方。情况严重令湖广总督林则徐慨叹：“数十年后，中原几无可以御敌之兵，且无可以充饷之银。”

为了避免“以中国有用之财，填海外无穷之壑”的情形愈发恶化，道光年间清政府厉行禁鸦片分销和禁偷漏纹银的章程。为逃避清政府查禁，英国商人和葡萄牙人相互勾结，把澳门当作走私鸦片的基地。1839 年，林则徐亲自监督收缴鸦片，于 6 月 3 日至 25 日，在虎门海滩挖纵横十五丈余（合 2500 平方米）的两个烟池，灌入海水之后撒盐成卤，再将烟土投入卤中浸泡半日，然后抛入生石灰，销毁鸦片。英国人为了捍卫其贩卖鸦片的利益，于翌年悍然派兵，发动了震惊世界的第一次鸦片战争。

鸦片战争之后，中国政府被迫签订《南京条约》，条款之一就是要求中国开放广州、上海、福州、厦门、宁波五处为通商口岸，实行自由贸易。虽然增设通商口岸导致了茶叶价格下降，但当时华茶独霸世界市场，茶叶出口贸易仍然极其兴旺。但是由于输入中国鸦片的数量不断增加，华茶销量的持续增长未能缓解清政府和茶业从业者的财务窘境。19 世纪 50 年代，每年输入中国的鸦片数量都在 6 万箱以上，华茶出口贸易即便仍然处于繁荣发展期，其贸易收入也基本都被购买鸦片消耗掉了。

林则徐虎门销烟

| 王宪明　绘 |

第三节 华茶出口贸易的衰落

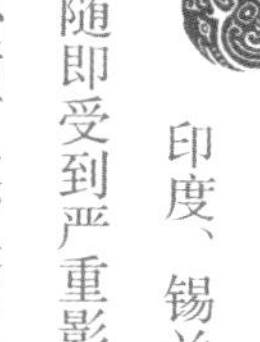

卷入世界市场以后，华茶出口贸易虽然遭遇印度、锡兰、日本等植茶国家的冲击，但并未随即受到严重影响。由于当时全球茶叶市场的需求不断扩大，茶叶消费量正以惊人的速度增加。

西方国家交通运输业发生的变革也使中国茶叶出口量仍能保持持续增长。19 世纪中叶以后，钢制轮船逐渐取代最大载重量不足 1000 吨[1]的快剪船，用于茶叶海运。1870 年，苏伊士运河正式通航，航程比绕道好望角缩短一半，仅需 55～60 天，使得中国茶叶能够提早运达伦敦。从此商船无须结伴航行，又避免了茶叶同时涌入伦敦。加上 1871 年中国与欧洲电报线路的完成，大大降低了洋商来中国从事贸易的风险，进一步刺激了茶叶贸易的发展。

1 1 吨=1000 千克。

广东茶行：晚清照片
| 中国国家博物馆藏 |

早年华茶贸易中的茶叶定价权由中国商人掌握，但新航线的开通和电报的启用使华茶的交易主导权被伦敦市场取代。茶叶的价格和销量从过去受商品的数量与质量的供求关系支配，转变成受伦敦存货量和英国乃至欧洲的茶叶销路以及消费者需求支配。商船航运时间的缩短和载重量的增加，在使华茶出口量迅速扩大的同时，也使中国逐渐失去了对全球茶叶市场的垄断权和领导地位。

穆尔在《美国国民工业史》中认为，在英国人眼里，“殖民地应该为宗主国的利益而存在，在这个意义上，殖民地应该生产宗主国所需要的东西，应该向宗主国提供可以出售其产品的市场”。而其南亚殖民地刚好既具备生产宗主国所需茶叶的客观条件，又能为宗主国所出售的棉纺织品提供市场。基于上述双重条件，英属印度、锡兰，荷属爪哇等地的植茶、制茶工业迅速发展起来。

鸦片战争之后直至清代结束，英国以红茶为主的茶叶消费量和人均消费量均逐年升高。到19世纪末，英国每年消费的茶叶量竟然接近2亿磅。然而，在茶叶消费量急速攀升的同时，华茶出口量却呈下降趋势。显而易见，其中不断扩大的茶叶生产都被印度、锡兰、爪哇等地所控制。

印度茶

早在1780年，中国茶种就已传到英属印度，当时英国东印度公司为了从对华茶叶贸易中获取高额利润，曾反对在印度种植茶树。1834年，印度设立茶叶委员会，诚征“适宜于茶树生长之气候、土质与地形或地势”，并派遣委员会秘书戈登到中国研究茶树栽培技术和茶叶加工方法，同时采办茶籽、茶树以及雇用中国茶工。1835年，武夷茶籽被寄到了加尔各答，又因为阿萨姆山中亦发现有野生茶树，所以印度当局最终决定在阿萨姆栽种茶树。虽然输入的中国茶树取得了一定成绩，但是印度土种茶树的栽培更加兴旺发达。

1838年，3箱阿萨姆小种和5箱阿萨姆白毫被运往英国伦敦拍卖售出，当时有评价说，“阿萨姆茶即使不能超过中国茶叶，也会与中国茶叶相等”。印度茶叶之所以获得如此高的评价，是因为茶园所在的喜马拉雅山区具备适合茶树生长的土壤和气候条件，所以茶叶在品质和产量上均得到较好较快的发展，“不仅可满足英国的需求，而且可满足全世界的需求”。1840年，阿萨姆公司成立，印度茶业逐步进入科学栽培时期，其他茶叶公司亦如雨后春笋般纷纷设立，印度茶叶生产量和消费量快速发展。

18世纪70年代以后，印度茶业发展迅猛，茶叶出口涨幅持续扩大。1871年，华茶占英国茶叶销量的91.3%。1876年以前，英国茶叶销量的增加主要由中国和印度共同分担；从1876年以后，英国茶叶销量的增加全部来自印度茶。这成为中国茶叶出口贸易衰落的征兆。到1887年，英国茶叶销量中印度茶所占比重即与中国茶持平。华茶的出口份额不仅在英国茶叶市场被印度抢占，而且在世界茶叶市场所占比例也逐年减少，至清末已完全被印度赶超。

19 世纪印度茶业

印度茶后来居上，不仅取代了华茶独占两百年的欧洲茶叶市场，而且足迹遍布北美洲、南美洲、非洲、澳洲，甚至在亚洲也有很多人喜欢印度茶，印度茶已“遍及于世界饮茶或产茶各国”。

19 世纪印度阿萨姆茶业

锡兰茶

以咖啡著称的锡兰，从18世纪末便开始进行茶树栽培试验，但均以失败告终。不过锡兰具备对茶叶种植和生产有利的自然环境条件，到19世纪后半叶，茶叶种植终于发展起来。1875年，锡兰茶叶种植面积是1000多英亩[1]，1895年达到30万余英亩，1915年增至40万余英亩。茶园数量则由1880年的13个，迅速增长至1883年的110个，1885年竟达到900个。茶产量的持续上升为不断增长的茶叶出口量提供了保障，锡兰茶占世界茶叶销量的比重也由1887年的3.09%迅速提高到1900年的24.64%。

印度和锡兰联手抢占世界红茶市场的行动，到1890年即获得成功，当年印度和锡兰茶叶出口总量占世界茶叶销量的62.70%，高于中国25个百分点。仅仅3年之后，印、锡茶出口量总和即达到中国的3倍。

爪哇茶

除英属印度和锡兰以外，荷属印度尼西亚同样具有很好的植茶条件，历史上其茶产区以东西狭长的爪哇岛为主。1728年，荷属爪哇首次真正植茶，但未见成效。

从1826开始，爪哇启动新一轮的植茶、制茶试验，此次活动由荷兰贸易公司的茶叶技师雅可布逊和植物学家史包得负责和指导。从1828年至1833年，雅可布逊6次考察中国，为爪哇带回大量茶籽、茶苗、茶工、茶具，以及植茶、制茶技术。1835年，荷兰政府在爪哇实施统治下所产制的茶叶首次在阿姆斯特丹的市场上出售，但因其品

---

1 1英亩=4046.86平方米。

斯里兰卡茶园

19 世纪末斯里兰卡制茶机械

质不良，价格低于英属印度茶。1877 年，爪哇茶叶首次输入伦敦，仍未能引起市场反响。后来，爪哇的茶树品种由中国种转为阿萨姆种，加之重视茶园管理、采用机器制茶的先进方式等一系列举措，使爪哇茶的品质和出口量在 1880—1890 年不断提高，1885 年在英国的销量甚至高于锡兰茶。至清代末年特别是 1908—1912 年，爪哇茶平均每年的出口货值高达 4450 万镑，位列世界茶叶出口的第四位。

日本茶

除了中国红茶出口英国及欧洲市场被印度、锡兰以及爪哇抢占份额以外，绿茶出口美国也遭遇日本的竞争。1856年，日本输入美国的茶叶仅50箱，1857年升至400箱，1859年则增加到了10万箱。1860年，日本模仿中国的茶叶制造方法取得了成功，其输往美国的茶叶数量急剧增加。虽然当时中国的绿茶出口在美国进口贸易中仍占据显著地位，约占每年进口总额的60%～80%，但其重要性已呈衰落趋势。

随着日本与美国成功建立茶叶贸易联系，输入美国的绿茶数量逐年增加。美国市场对日本绿茶的接受大大刺激了日本的绿茶生产，其产量和出口量均大幅升高，到1874—1875年贸易季度即已超过中国。毋庸置疑，“日本茶在美国销量的增加，是华茶销美停滞的原因”。

19世纪70年代，平均每年输入美国的茶叶数量接近6000万磅，但是其中华茶所占比例不足1/6。到清代结束，输入美国的茶叶数量仍然持续增长，其中多是日本绿茶，华茶数量已是微乎其微了。

长期以来，频繁的国际茶叶贸易主要是在中国与其他国家之间展开。中国既是惟一能够向世界提供茶叶的国家，也是世界各国茶商争相购买和批发茶叶的惟一场所。

其他国家不产茶，或生产的茶叶尚不能形成大规模的商业贸易，所以即便中国内部茶产业自身存在茶叶品质低下、茶叶利润偏低、茶商茶农资金缺乏、茶税较高等诸多问题，但是国际茶叶出口贸易一直为中国所垄断。而从 19 世纪中叶以后，英国和荷兰开始在其殖民地大力发展植茶业。随着印度与锡兰红茶畅销英国，日本绿茶抢占美国市场，华茶贸易逐渐衰减式微。由一国独霸到多个国家同时出口茶叶，中国茶叶出口先是从数量上发生螺旋式下降，并再也没能返回到过去的规模。

清代广彩瓷盘

| 摄于广州十三行博物馆 |

第四节 传统茶业向近代转化

19世纪80年代中期，中国茶业由顶峰骤然坠向低谷，因此，『如何重振、复兴茶业』成为清末民初有关各界探讨和努力实践的重要课题。

对于清末茶业迅速败落的原因，当时人们从不同角度提出了许多说法。除了国际茶市的竞争之外，国内茶产业自身也存在很多缺陷，包括茶叶品质低下、茶农茶商的投入过高而利润较低等。茶叶是饮品也是商品，皆是发展越成熟，影响范围越大，消费者对其品质的要求也就越高。在茶叶生产过程中，种植、管理、采摘、加工、包装、储运等各个环节均与茶叶的品质密切相关。纵观清代茶产业，虽然出口贸易极度繁荣，且从业人员众多、商业组织遍布各地，但是彼此之间却是一盘散沙，缺少相互联系和协作。这种过度涣散的状态，直接或间接导致了茶叶产销过程中出现的诸多问题。而这些问题的存在，又严重影响茶叶品质，同时一点点蛀蚀掉了华茶在世界茶叶市场上的竞争力。

采茶、种茶、制茶与贸易图：茶叶产销画，约绘制于 18 世纪，法国国家图书馆

茶叶采摘和加工

以种茶为副业的小业主和小农户，采摘数量较少的茶树鲜叶在市场出售的做法，经常使鲜叶因未能及时得到烘焙而萎凋甚至发酵，以此变质鲜叶制成的成茶质量必然受到影响。采摘芽叶没有统一标准，不仅采摘次数偏多，而且连粗老叶、枝条一并采摘混入芽叶的现象普遍存在，对茶叶品质造成严重损害。1870年，茶叶揉捻机通过鉴定并在爪哇推广使用，标志着整个制茶工艺实现了机械化，而中国的茶叶加工方法依然沿用旧制。印度等国的机械制茶工艺到19世纪80年代已经陆续完成揉茶机、烘茶机、碎茶机、拣茶机、包装机等各项技术的革新。完备的机械化茶叶生产不仅提高了茶叶质量，而且使茶叶的加工成本大大降低。

茶叶包装

包装人员不负责任，将不同地区、不同等级的茶叶混在一起，严重影响茶叶香气。茶叶装箱制度不健全，包装材料和方法不统一，无法起到保护茶叶的作用，从而影响茶叶品质。有些经营者往往舍不得在包装上增加花费：如果铅的价格昂贵，便用厚纸代替铅罐；如果木材缺乏，就把箱板制作得非常薄。一旦木箱劈裂，铅罐也会随之破裂，严重损害茶叶品质。

筛茶叶：晚清照片

| 中国国家博物馆藏 |

茶业结构落后

一般情况下，“生产周期越短的生产事业，越能适应市场的变换，调整产销；反之，生产周期越长，则适应周期变换的能力就越低”。茶叶生产属于后者。茶树地上部分从第一次生长期开始至营养生长和生殖生长均进入旺盛期，需要6~8年，在这期间茶农基本没有直接经济收益；只有到了茶树生长进入产茶旺盛期之后，茶农才能分年取得收益，在此期间如若遭受重大市场冲击，茶农被迫为减小损失而降低茶价，从而获取较低利润。随着市场竞争的持续恶化，茶农长期无法收回所投成本，难免陷入困境。

因此，积极整顿茶业，去弊兴利，大力引进西方近代科学技术，已是势在必行。19世纪末至20世纪初，中国茶业正是在这种被迫要求改革的声浪中，推进和实践对古代或传统茶业的近代化的。

清末茶商：晚清照片

| 中国国家博物馆藏 |

采用机器制茶

中国最早实行机器制茶的是福州茶商。1896年，福州茶商在英国商人的协助下筹建并成立了“福州机械造茶公司”。英国人菲尔哈士特在参观福州茶厂后描述，该厂制茶机械有“卷叶（揉捻）之机五，焙叶（烘干）之机三”及“统（通）用蒸器鼓（发动机）一具”。除福州外，还有汉口和皖南等，但所购都只是烘干机一种。在生产红茶时使用机器最初见于1897年的浙江温州。此前温州红茶，西人不甚欢迎，“而裕成茶栈购机器焙制”后“独得喜价”。

在派员出国调查学习、普及推广茶叶科学技术方面，也积极展开了一系列工作。1896年，福州茶商派人至印度学习。1905年，两江总督也派出郑世璜等官员去印度、锡兰考察茶业，回国后写了一份翔实的“印锡种茶制茶”技术报告。除了力陈中国茶业必须改革之外，对印度、锡兰的植茶历史、气候、茶厂情况、茶价、茶种、修剪、施肥、采摘、茶叶产量、茶叶机器、晾青、碾压、筛青叶、变红、烘焙、筛干叶、扬切、装箱一直到锡兰绿茶工艺以及机器制茶公司章程等，都逐一作了记载。后来这份报告由清政府和四川等地方机构印刷成书，广为散发。值得一提的是，清政府还在遣使俄国考察中国出口土产所书的条陈中，对以前包装“或箱或罐，皆粗拙不堪”而受到俄国市场冷遇提出严厉的批评。这些出国考察对以后茶树的培育、茶叶的采制以及出口茶的包装，都起到了一定的促进作用，也受到了社会的一致肯定。

清乾隆（1736—1796年）仿雕漆茶船

| 中国茶叶博物馆藏 |

引进和传播近代种茶、制茶技术

除翻译、出版1903年康特璋的《红茶制法说明》、1910年高葆真的《种茶良法》（英译本）等技术专著外，宣传、普及近代科技的报刊，特别是《农学报》，以及随后出现的1896年上海印发的《时务报》，1897年上海编印的《译书公会报》、湖南《湘报》等，都在传播西方近代茶叶科学技术方面起到了显著作用。

发展茶务教育

四川于1906年决定次年开办“四川通省茶务讲习所”，但其实际创立时间是1910年8月，地址是在灌县。继而办学的有1909年创建的四川峨眉县“蚕桑茶业传习所”和湖北羊楼洞茶场附设讲习所二处。这些讲习所在当地传播茶业科技方面都取得了相应的成绩。

另外，自20世纪初始，为提高茶叶的品质，中国开始参加国内外举办的有关博览会及赛会。如1900年，中国台湾出产的茶叶和日本茶一起，首次亮相于“巴黎世界大博览会农民馆”。1904年，清政府派官员率商民参加美国圣路易博览会。在此基础上，1909年湖北省在汉口主办、翌年由南洋大臣在江宁（今江苏南京）主持，接连召开了两次全国性博览会。

这些努力一步步缩小了中国茶业、茶叶科技与国外的差距，使古代或传统茶业开始向近代方向转变。

第六章

茶香悠远

茶对世界的影响

传播可以从一个地域横向传输至另一个地域，也可以从一个时代纵向传递到另一个时代，茶的传播正是由这两种基本方式共同作用而产生的。茶在传播过程中会吸收传入区域的精神文化内涵，形成丰富多彩的地域茶文化，而茶文化也会随着时代的推移发展、变迁甚至消亡。在茶的传播过程中，最重要的是由其产生的深远影响。如今，茶树已遍植于 50 多个国家和地区，茶在世界三大无酒精饮料中居于首位，全世界约半数以上的人口有饮茶习惯。追根溯源，世界各国的饮茶习俗都直接或间接来自中国。

第一节　日本茶道

茶道是日本特有的一个综合文化体系。日本茶道包含的内容非常广泛，既有日常饮食性质，又包含了宗教、道德、艺术等更深层次的内容。可以说，日本茶道是当今世界上最完善的茶文化形式，是东方茶文化的典型代表。而谈及这一文化体系的缘起，则要从中国茶叶传入日本开始。

日本与中国的交流开始得很早。平安时代（794—1185年），日本为了学习中国文化，频繁派遣使者、学生和僧人进入中国，试图将中国传统文化完整地复制到日本。在空海、永忠、最澄等遣唐僧人的推广之下，唐代茶文化逐渐在日本上层社会普及。

在日本史书《日本后纪》中，就郑重记载了永忠和尚为嵯峨天皇煎茶的事。嵯峨天皇在接受永忠献茶的两个月后（弘仁六年六月），便下令在畿内、近江（今日本大阪、京都，及奈良、和歌山、滋贺三县的一部分）等地种植茶树，并将茶叶作为每年的贡品。很多汉文茶诗史料也在这一时期相继问世，其中所记载的春茶采摘、烤炙干燥、水的过滤、盐的投放、贵族茶会等加工和饮用方法，均与中国唐代一致，形成了日本茶文化史上的第一个高潮。因嵯峨天皇年号“弘仁”（786—842年），这一时期的茶文化热潮也被称为“弘仁茶风”。

804年7月，空海和其他遣唐使一起，登上了开往中国的使船，开启了到大唐取经的旅程。目的地是都城长安，不过当时的航海技术还不够成熟，所以大约一个多月之后，空海在福州登陆了，又几经辗转，最后终于抵达长安。一开始空海住在西明寺，后来通过西明寺的僧侣介绍，去了青龙寺，跟随惠果学习密宗。空海在长安生活了两年，之后他带着大量佛经典籍和唐朝的文物回到日本，成为日本佛教的一代宗师。空海得到嵯峨天皇的赏识，经常出入宫廷，与天皇讲经论法，喝茶聊天，天皇还为空海写过茶诗《与海公饮茶送归山》。虽然没有专门为茶著书立说，但是空海在长安两年的留学生活，早已让佛教茶礼和世俗茶道成了习惯。茶，频繁地出现在空海的社交生活中，在弘扬佛法的同时，他也有意无意地传播着大唐的饮茶文化。

空海像

| 王宪明　绘 |

唐代茶文化传入初期，日本社会的整体发展程度还比较低，尚不具备将中国茶文化“日本化”的能力。当时的日本文化以贵族文化为主导，武士、庶民文化尚未发展起来，遣唐僧人引入的中国饮茶习俗仅仅停留于上层社会，未能普及至日本民间。发生在日本的“中国热”跟唐王朝一同终结以后，日本的饮茶文化随之衰退。直到镰仓时代（1185—1333年），确切地说是在12世纪末，中国文化以民间往来的形式再次进入日本。茶与饮茶习俗的大规模引入，掀起了日本茶文化热潮的又一次迸发，并促使茶从宫廷走向民间，成为社会各阶层享乐与游戏的形式和内容。

1191年，荣西和尚将茶籽带回日本种植，大力宣传佛教与茶饮，并写成了《吃茶养生记》。有一次，实朝将军饮酒过量，请荣西祷告保佑，荣西则劝其喝下茶汤。将军为茶的解酒功效所震惊，荣西趁机献上《吃茶养生记》，极力宣传茶的药效，鼓吹饮茶习俗，为茶在日本的推广和普及起到积极作用。《吃茶养生记》是日本的第一部茶书，在日本茶史上的地位堪比中国茶圣陆羽所著《茶经》。此后，日本茶文化正式进入繁荣发展阶段，为日本茶道的形成奠定了基础。

至15世纪，被誉为“茶道之祖”的村田珠光（1422—1502年）将饮茶的精神性从娱乐性中剥离出来，去除赌博游戏、饮酒取乐等内容。他将当时人们崇尚的漆器茶托天目台和龙泉青瓷，换成质朴粗糙的“珠光茶碗”，饮茶的场所也缩小到了四叠半[1]的面积，简化物质追求的同时更加注重主客的精神交流，开创了以闲寂质朴为核心理念

1 日本的房间是按榻榻米（地上铺的那种长方形的草席子）计算的。标准的房间大小就是六叠和四叠半。四叠半是指房间能铺四个半榻榻米那么大。比如，日本人称“和室”的房间内的榻榻米，一个榻榻米约为180厘米×91厘米。四叠半约为7.37平方米。

的日本茶道。这种建立在佛教思想基础上、注重精神调节、宁静致远的茶道精神，正好迎合了武士阶层的趣味，从而得以不断发扬光大。

16 世纪晚期，千利休（1522—1591 年）集茶道之大成，提炼出“和、敬、清、寂”四规，进一步构建了茶道体系，并将其发扬光大。此后，日本茶道虽然衍生出多个流派且各具特色，但“和、敬、清、寂”始终是日本茶文化的核心内容。

日本茶道在精神上融入了佛教思想，在形式上则延续了中国宋代的饮茶方式。如前文所述，茶与饮茶习俗在 12 世纪末大举引入日本，其时正值中国的南宋时期，引入日本的茶叶及饮用方法恰好是南宋社会流行的末茶及点茶法。从 15 世纪茶道创立至 16 世纪形成完整体系，将茶叶研成粉末并用开水点泡的方式始终未发生大的改变。

日本茶道传承了中国古典茶文化的核心内容，成为东方饮茶习俗的代表。因此，从日本茶道中，我们或许可以再度领略中国古典茶文化的极致之美。

赤乐烧

| 王宪明　绘 |

一只侘寂的杯子。

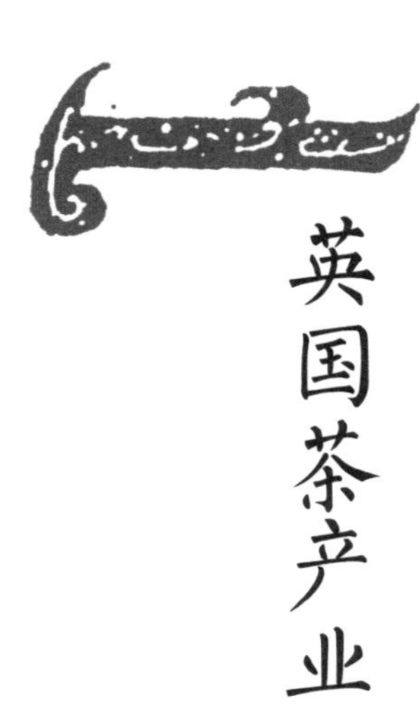

第二节 英国茶产业

“水为茶之母，器为茶之父”，茶具是茶产业与茶文化的重要组成部分，其中，瓷器更是储存和品啜茶叶的最佳容器。因此在中国茶叶大量进入欧洲的同时，瓷器的价值也被重新定位。可以说，茶叶贸易不仅引发了瓷器贸易，更是欧洲瓷器制造业产生和发展的原动力。

如果说茶叶改变了欧洲人的日常饮食生活习惯，瓷器则在一定程度上丰富了欧洲人的审美情趣。新航路开辟之后，葡萄牙人首先将瓷器从中国运至欧洲。“海上马车夫”荷兰人紧随其后，将瓷器贸易逐步扩大。1610 年，荷兰人首次将茶叶从澳门传入欧洲，与此同时，瓷器也随之进入欧洲市场。进入欧洲的瓷器数量逐年增多，和茶叶一起列入每个贸易季度的投资计划中。1637 年，荷兰东印度公司的斯文汀勋爵在写给巴达维亚总督的信函中，不仅令其采购茶叶，还要求采购喝茶的瓷杯、瓷壶。据记载，这一年运至欧洲的瓷器达到了 21 万件，其中茶具占据了很大一部分。

17 世纪英国出现了中国瓷器收藏热，王公贵族竞相收集各式各样的中国瓷器，以显示主人身份的高贵和优雅的品位。伊丽莎白一世将自己所藏的一件白瓷碟和一件青瓷杯视为无上珍宝，查理五世和菲利普二世也都是中国瓷器的爱好者或收藏家，单菲利普一人就拥有 3000 多件中国瓷器。中国瓷器以其坚硬的质地、高雅的品位以及良好的保温功效赢得了西方人的青睐。

随着饮茶习俗在英国和欧洲的形成与发展，为配合茶叶的特性，茶具贸易特别是瓷器贸易随着“茶叶世纪”不断增长的茶叶消费需求也得到巨大发展。据记载，18 世纪初，年均约有 200 万件瓷器从中国进入欧洲；18 世纪后期，进口到欧洲的中国瓷器平均每年超过了 500 万件。

四个要素和五种感官线图

丨王宪明　绘，原件由林纳德于 1627 年绘于巴黎丨

画中的瓷碗通体施白釉，釉色洁白，略泛青，有玻璃质感，外壁四周绘人物、文字是《赤壁赋》。此类青花，多是由荷兰东印度公司从中国购入，而后运回荷兰转手卖给欧洲各国。

中西方瓷器贸易的发展促进了欧洲瓷器制造业的兴起。此前，欧洲瓷器烧造发展缓慢，始终不能通过高温烧成瓷器。直到17世纪70年代后期，荷兰陶工才仿制出保温茶壶。据记载，“欧洲第一件真正的瓷器”于1709年创制成功，之后于1717年初次制成蓝色瓷器。17世纪末至18世纪初，德国一批化学家在对中国陶瓷的研究中发现，可以用长石粉取代玻璃粉作熔剂，最终成功烧制出了与中国陶瓷相仿的硬质陶瓷。又经历了一段时间的研究和探索，欧洲的瓷器制造工艺终于发展到较高水平。法国、德国、意大利、西班牙等国先后建成瓷器厂。18世纪中期以后，欧洲各国均掌握了中国瓷器的仿制方法，不仅能够烧制出中国的青花瓷、彩瓷、德化瓷，而且发明出具有欧洲风格的瓷器，为中国瓷器的滞销埋下伏笔。

虽然英国的陶瓷制造业较欧洲起步稍晚，但是“英国陶瓷之父”乔治亚·威基伍德在瓷器制造方法和使用原料上的创新和改进，以及将艺术与工业相结合的经营理念，促使英国瓷器制造业取得了巨大成功。在18世纪，由机械制作的标准化大众产品越来越多地进入市场。18世纪末，英国的陶瓷业制造中心——斯托克所生产的陶瓷制品已经销售到英国各地和欧洲各国。以威基伍德、斯波德、伍斯特、明顿和德比命名的陶器、瓷器和骨瓷茶具渐渐占据了英国及欧洲市场。

欧洲生产的瓷器不仅适销对路、供货快捷，而且价格低廉，于是中国瓷器在欧洲市场渐失生存空间。鉴于此，英国东印度公司董事部于1792年起终止了对中国的瓷器进口。有记载称，1792年运至英国的最后一批中国瓷器直到1798年才销售完毕。中国瓷器的出口贸易先茶叶贸易一步走向衰落。

英国制陶厂线图

| 王宪明 绘 |

17 世纪上半叶，茶叶由荷兰人运至英国。在英国与广州建立茶叶贸易联系之前，茶叶在英国还只作为新兴商品出现在咖啡馆里。伦敦的咖啡馆为了刺激其销售，甚至刊出广告，“这种被所有医生都称赞的卓越的中国饮料，被中国人称为Teha，在其他国家被称为Tay或Tee，在伦敦皇家交易所之旁的沙特尼斯·汉德咖啡屋有售”，以此扩大民众对茶叶的认识。甚至连商家都缺乏对茶叶饮用方法的了解，商人们甚至以卖啤酒的方式在咖啡馆中卖茶：将茶叶冲泡之后存放在小桶内，待有客人需要，再倒出来加热。茶叶在民间虽被当作奢侈品以昂贵的价格出售，但人们对其饮用方法却知之甚少。《闲话报》报道，“一位贵妇收到一位朋友送给她的一包茶，就加入胡椒、盐一锅煮了，用来招待一些性格怪僻或心情忧郁的客人”。连上流社会的贵妇也不知道如何饮用这种来自东方的、神秘且昂贵的“中国饮料”。不过，这种状态没有持续多久，很快被嫁入英国的葡萄牙公主打破了。

1662 年，查理二世与葡萄牙国王约翰四世的女儿凯瑟琳公主联姻，这位人称“饮茶皇后”的凯瑟琳公主喜欢且懂得“在小巧的杯中啜茶”。她的嫁妆就包括 221 磅中国红茶和精美的中国茶具。凯瑟琳公主经常在王宫招待贵族饮茶，贵族阶层争相效仿，使得饮茶很快成为一种英国宫廷礼仪，茶叶也随之成为豪门贵族社交活动中风行的时尚饮料。当时茶叶价格非常昂贵，只局限在上流社会作为饮料，而凯瑟琳公主对饮茶的偏爱很快引起英国社会对茶叶的关注与热情。

17 世纪后期，英国东印度公司还未与中国建立茶叶贸易关系，但英国皇室的饮茶习俗却已呈现“中国式”。据记载，英皇玛丽二世、安妮女王也都热衷推广饮茶文化，经常在宫廷内举办茶会，并采用屏风、茶具等中国器具，使饮茶成为一种尊贵的身份象征和炫富的方式。名媛淑女们都在腰间藏一把镶金嵌玉的精致小钥匙，用以开启为保存茶叶而特制的茶叶箱；泡茶则由女主人亲自主持，以防佣人偷盗茶叶。

到17世纪末，英国人已经习得了一定茶叶种类和冲泡方法的知识。塔特在《茶诗》中详细介绍了松萝茶、珠茶和武夷茶的特性，并谈到饮用前两种绿茶可以不加或少量加糖，而武夷茶则“必须加入较多的糖”，以便更好地调和茶汁的颜色与味道。另外，在17世纪葡萄牙独霸巴西蔗糖生产的时期，英国需要进口砂糖，且价格昂贵。向价格昂贵的茶叶冲泡出的茶汁中加入同样价格昂贵的糖，是皇家奢华生活的绝佳体现。

德国学者汉斯·瑙曼在20世纪20年代提出“文化产物的规则”理论，即“社会群体在各方面都会让其行为效仿更高社会阶层的行为”。饮茶在英国就是按照“模仿贵族”“接受贵族文化模式”的方式，由上层阶级的“小传统”逐渐转化成为“大众文化”，很快在市民阶层广泛传播开来。

维多利亚时代茶具

| 王宪明　绘，原件藏于大英博物馆 |

随着英国东印度公司与广州茶叶贸易的大规模展开，在英国茶叶的销售价格稳步下降，1728 年每磅红茶 20 ~ 30 先令，到了 1792 年只需 2 先令就能买到 1 磅品质良好的武夷茶。茶叶价格的大幅下降、市民阶层购买力的壮大以及对高雅生活方式的追求，促使茶叶在 18 世纪末的英国社会“几乎普及一般民众”“甚至成为农业工人的经常性饮品”。据记载，“每周一家人喝茶的花费一般不到 1 先令”。茶叶已经成为普通家庭的日常消费和必需品。与此同时，茶叶在英国的饮用方法经过本土化过程，也形成了独具特色的英国茶文化。

英国人的饮茶方式在吸收欧洲饮茶礼仪的同时也进行了一定程度的改造和创新，尤其是在茶汤中加糖和牛奶。荷兰人只在茶汤中加入少量红糖以去除苦涩味，英国人则是加入大量的糖，这也成为英式饮茶习俗中独具特色的形式。除了与糖调配，红茶还能与牛奶完美结合成为香气浓郁、滋味醇厚的奶茶。牛奶是英国的传统饮食，饮茶时出于自然地添加牛奶，使饮茶具有了浓郁的英伦本土特色，18 世纪这种英式的饮茶文化逐渐普及并细化起来。

英式下午茶

至于“先奶后茶”还是“先茶后奶”，据说早期在沏茶时英国的茶杯会因受热而爆裂，要先向杯中倒入一些牛奶才能再注入沸水冲茶；而拥有中国茶具的富人们，则有意先将滚烫开水倒入茶杯然后再注入牛奶。“先茶后奶”是奢华与品位的体现。

随着日渐本土化，饮茶在英国社会越来越普及。“早晚餐时代替啤酒，其余时间代替杜松子酒”，到18世纪茶已经成为英国最流行的饮料。为满足不同阶层在不同时间和场合对于饮茶的不同需求，英国市场上销售的茶叶种类越来越多。以英国皮卡迪利大街212号店铺为例，该店主要销售绿茶和红茶，其中绿茶档次由低至高分别为绿茶、优质绿茶、混合绿茶、熙春茶、优质熙春茶、精品熙春茶、珍品熙春茶和极品熙春茶等，价格逐级升高；红茶分为武夷茶、优质武夷茶、工夫茶、优质工夫茶、极品工夫茶、小种茶、优质小种茶、极品小种茶等，价格稍低于绿茶。由此可知，18世纪末英国市场上主要销售绿茶和红茶两大类茶叶且对茶叶品种和档次的划分非常细致。随着茶叶在英国销量的不断增加，走私与掺假越来越严重。绿茶比红茶容易混入其他植物叶子，导致越来越多的绿茶消费者转而购买红茶。

19世纪下半叶，茶叶价格继续下降，饮用更加普及并成为全民饮品。到了19世纪末，茶叶完全融入了英国社会，“茶”与“英国”已经是密不可分了。

第三节 茶与美国社会

中美直接茶叶贸易开始于1784年，大致经历了1784—1794年的起步阶段，1795—1860年的繁荣发展阶段，1860年至19世纪末国际茶叶市场激烈竞争引发的逐步衰落阶段。中美茶叶贸易的发展对美国的政治、经济产生了深远影响，既是美国独立战争的导火索，又是近代中美关系史的开端，同时还为美国茶叶市场和饮茶习俗的形成奠定了基础。

1765年，英国政府在英皇乔治三世的主持下通过印花条例，对殖民地人民的茶叶及其他物品征收税款。该条例遭到美洲殖民地人民的强烈反对，被迫于1766年废止。1767年，英国议会通过财政大臣唐森德提出《唐森德法》。其中“贸易与赋税法规”规定，自英国输往殖民地的纸张、玻璃、茶叶等均征收进口税，对茶叶征收的税款为每磅3便士。再度征收茶税的法令颁布后，美洲殖民地人民仍然拒绝缴纳，并因此转而购买从荷兰进口的茶叶，结果导致英国东印度公司丧失了美洲殖民地茶叶市场，囤积的上千万磅茶叶滞销。

为摆脱经济上的窘境和将积存的1700万磅茶叶尽快出售，英国东印度公司向国会提议，要求被准许将茶叶免税输往美洲，只缴纳少量税银出售。1773年议会接受英国东印度公司的提议而颁布茶叶法，授权英国东印度公司将茶叶直接输往美洲殖民地，而不必转售给殖民地商人，这一授权损害了英国中间商和美洲进口商的利益。茶叶法还规定，美洲殖民地需缴纳每磅3便士的茶税。

为了抗击这种不合理的政策，殖民地人民坚决抵制进口英国茶叶，并于同年12月16日将英国东印度公司的342箱茶叶投入海中，即“波士顿倾茶事件”。1774年，又发生多起英国东印度公司运至美洲的茶叶被投入海和被焚烧的事件。英国政府宣布封闭波士顿港口、取消马萨诸塞自治等条例，并使用暴力镇压殖民地人民的反抗运动。英国当局与殖民地人民的矛盾到了空前尖锐的程度，而英国仍然只顾自身利益强行征收茶叶等多项税收的行为，更加激起美洲殖民地人民的强烈不满，终于导致美国独立革命的爆发。1776年7月4日，《独立宣言》获得通过。至此，北美十三个殖民地脱离英国管辖宣布独立。

波士顿倾茶事件

| 王宪明　绘 |

18 世纪末，中美茶叶贸易渐趋稳定，贸易量逐年增多，但这一时期美国国内茶叶消费十分有限。于是，在满足本国茶叶需要的同时，美国商人将大部分从中国购买的茶叶转运至欧洲和走私到英国，由此催生了美国的茶叶转口贸易。18 世纪末，美国茶商从中国购买的茶叶有一半以上都销往其他国家。到 19 世纪上半叶，美商转口运往他国的茶叶仍占其从中国购入茶叶总量的 20%以上。

早在 17 世纪中叶，荷属新阿姆斯特丹有钱购买茶叶的人就已经开始饮茶了。从当时留存的茶盘、茶台、茶壶、糖碗、银匙等茶具来看，新阿姆斯特丹的社交风尚和饮茶方式与荷兰一致。“品茶时间多半在下午两点至三点左右；女主人致辞之后以谦恭的态度招呼客人；茶室中四季皆准备暖脚炉供客人使用；女主人准备若干种茶叶供客人选择，并负责备茶；客人大多会依从女主人的推荐；盛有番红花的小型茶具放在一旁，当客人有需要时可将番红花加入茶中，成为番红花茶；茶中多半会加入昂贵的砂糖，但不加奶精；品茶时把茶杯放在茶碟上；品饮时要发出声音，并给予赞美；茶桌上所谈论的话题仅限于茶与即席供应的糕点；每人可以续上十至二十杯茶。”

早期美洲殖民地常用的茶类以武夷茶或红茶为主，直至建国初期美国人都保持着以饮用红茶为主的习惯。一方面是因为美洲殖民地的饮茶习惯受荷兰和英国的直接影响；另一方面茶叶转口贸易令利于转销欧洲的红茶在中美茶叶贸易中占据主导地位。1800 年以后绿茶逐渐受到美国消费者的青睐，进口量大增，至 1810 年已与红茶持平。19 世纪 20 年代，美国本土茶叶市场逐渐成熟，绿茶进口随即迅速超过红茶，至 30 年代已经占据中美茶叶贸易的绝对主导地位，美国人的饮茶习惯也由红茶转为绿茶。19 世纪 20—40 年代中美茶叶贸易大幅增长，此时茶叶转口贸易渐减，美国国内茶叶消费开始急剧增长。

早期美国对茶叶需求的增长在很大程度上源于茶叶转口贸易的高额利润，随着国内民众对茶饮品类逐渐了解并确立了自己的饮茶习惯，美国国内市场对茶叶的需求成为拉动中美茶叶贸易的主要动力。

茶叶贸易是中美关系发展中的一个重要部分。美国独立战争的爆发、茶叶转口贸易的发展以及饮茶习俗的形成和转变，均是在与中国建立直接的茶叶贸易关系之后，由华茶大量涌入美国市场所引发的。中美茶叶贸易的发展对美国的政治、经济、文化等方面均产生了深远的影响，茶叶贸易在增进两国民众的相互了解和文化交流方面也起到了积极的推动作用。

华盛顿弗利尔美术馆孔雀屋

| 王宪明　绘 |

内藏瓷器已不是雷兰收藏的瓷器，也不是弗利尔收藏的瓷器，由福尔克家族收藏捐赠，几乎都是 17 世纪景德镇烧造的青花瓷器。孔雀屋见证了几个世纪“中国风”横扫欧美的盛况，也见证了英美两国几代人的“青花梦”。

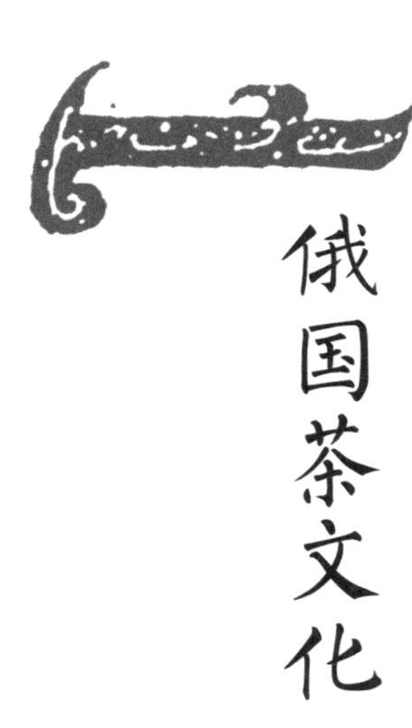

第四节 俄国茶文化

中国茶叶通过海路进入欧洲始于17世纪初，此后海上茶叶贸易逐渐展开，来自中国的茶叶随即成为享誉世界的东方饮料。其实除了海路以外，华茶入欧还有另一条通路，就是沿着陆路向北直接进入俄国。

荷兰人将茶叶带入欧洲之后，哥萨克首领彼得罗夫就在卡尔梅克汗廷初尝茶味，并对这种『无以名状的叶子』深表惊异。1640年，俄使者瓦西里·斯达尔科夫从卡尔梅克汗廷返国，带回200袋茶叶，奉献给沙皇，可以作为华茶入俄之始。

清代初年，来华的俄使臣继续将茶叶作为礼品带回俄国。1675年，俄使臣尼果赖在觐见康熙帝后接受“御赐”茶叶四匣，以及托他转送沙皇的茶叶八匣。除了官方交往礼品，17世纪后期，茶叶也开始作为商品在俄境内出售，消费者主要是富裕家庭。1689年《尼布楚条约》订立后，中俄边关贸易日益活跃，销俄的茶叶数量随之增多。1729—1755年，恰克图互市正式开放，茶叶成为“买卖城”中交易量最大的商品，并在此后近一个世纪的时间里随着贸易商路的进一步拓展，持续增长。

19世纪俄国对茶叶的需求量不断扩大，中俄贸易中的入俄商品也以茶叶为主。同时非法销往俄国的茶叶数量明显增加，到19世纪40年代末茶叶的出口货值已经占到出口总值的90%以上。1851年清政府被迫与俄国签订《伊塔通商章程》，给予俄在伊宁和塔城免税贸易的权利，使茶叶贸易增幅在一倍以上。

从中国西部销往俄国的茶叶有白毫茶和砖茶。白毫茶主要指红茶，也包括花茶，但数量不多；砖茶指廉价的紧压茶，价格和税费都低于白毫茶。19世纪30年代销俄的茶叶90%以上是砖茶，40年代以后白毫茶销量开始明显增长，并于1850年首次超过砖茶。输入俄国的茶叶除了供其国内消费以外，还要销往塔什干、吉尔吉斯斯坦、浩罕、土耳其（亚）、波斯、希瓦、布哈拉等中亚、西亚地区，这也是砖茶销量长期占据较高比重的原因之一，而俄国城市居民对白毫茶消费量的不断提高则促进了白毫茶销量的增长。

俄式下午茶

随着中俄茶叶贸易的增长，饮茶风气在俄国蔓延开来，并逐渐普及到各个阶层。俄国人不但喜欢饮茶，而且逐步创造出自己独特的茶文化。

俄国民族饮茶习俗的一大特点是喜欢喝甜茶，常在红茶中加入糖、柠檬片、果酱、牛奶等以增加甜味。加糖的方式有三种：一是把糖放入茶水里，用勺搅拌后喝；二是将糖咬下一小块含在嘴里再喝茶；三是看糖喝茶，既不把糖搁到茶水里，也不含在嘴里，而是看着或想着糖喝茶。第一种方式最普遍，第二种方式多为老年人和农民所采用，第三种方式则有些“望梅止渴”的意味。除了糖以外，蜂蜜或者果酱也经常被加入茶中调味。先泡上一壶浓浓的茶，再在杯中加蜂蜜、果酱然后冲制。冬天，俄国人还会在茶中加入甜酒以预防感冒。在俄国的乡村，人们喜欢把茶水倒进小茶碟而不是茶碗或茶杯，将手掌平放托着茶碟，用茶勺送进嘴里一口蜜含着，再将嘴贴着茶碟边带着响声一口一口地吮茶。这种喝茶的方式俄语叫“用茶碟喝茶”。另外，喝茶时一定要佐以大盘小碟的蛋糕、甜面包、果酱等“茶点”，将饮茶作为就餐的重要部分。

俄国人饮茶还有一个特点，就是喜欢用茶炊煮茶。茶炊可以看作俄国茶文化的代表，甚至有“无茶炊便不能算饮茶”的说法。俄国茶炊最早出现在 18 世纪，分为茶壶型和炉灶型两种。茶壶型茶炊主要用于煮茶或装热蜜水沿街贩卖，茶炊中部竖有一空心直筒，内盛热木炭，茶水或蜜水环绕在直筒周围，从而起到保温的功效。炉灶型茶炊的内部除了竖直筒外还被隔成几个小的部分，其用途更加广泛，烧水、煮茶可同时进行。到 19 世纪中期，茶炊基本定型为三种：茶壶型（也称咖啡壶型）茶炊、炉灶型茶炊、烧水型茶炊。外形也逐渐多样化，出现了球形、桶形、花瓶形、小酒杯形、罐形以及一些不规则形状的茶炊。

俄国作家和艺术家的文学作品中有很多对茶炊的描写。普希金的《叶甫盖尼·奥涅金》中就有这样的诗句：

天色转黑，晚茶的茶炊，闪闪发亮，在桌上咝咝响，它烫着瓷壶里的茶水，薄薄的水雾在四周荡漾。

这时已经从奥尔加的手下，斟出了一杯又一杯的香茶，浓酽的茶叶在不停地流淌。

诗人笔下的茶炊既烘托出时空的意境，又体现出浓浓的特有的俄国茶文化氛围。

俄国茶壶艺术品

| 王宪明　绘 |

主要参考文献

[1] 阿·科尔萨克. 俄中商贸关系史述 [M]. 米镇波, 译. 北京: 社会科学文献出版社, 2010.

[2] 陈文华. 长江流域茶文化 [M]. 武汉: 湖北教育出版社, 2004.

[3] 陈文华. 中国茶文化学 [M]. 北京: 中国农业出版社, 2006.

[4] 陈宗懋. 中国茶经 [M]. 上海: 上海文化出版社, 1999.

[5] 陈祖椝, 朱自振. 中国茶叶历史资料选辑 [M]. 北京: 农业出版社, 1981.

[6] 丁以寿. 中国茶文化 [M]. 合肥: 安徽教育出版社, 2011.

[7] 方铁, 方悦萌. 普洱茶与滇藏间茶马古道的兴盛 [J]. 中国历史地理论丛, 2018 (1).

[8] 方铁. 清代云南普洱茶考 [J]. 清史研究, 2010 (4).

[9] 房玄龄, 等. 晋书 [M]. 北京: 中华书局, 1974.

[10] 格林堡. 鸦片战争前中英通商史 [M]. 康成, 译. 北京: 商务印书馆, 1964.

[11] 贡特尔·希施费尔德. 欧洲饮食文化史——从石器时代至今的营养

史［M］．吴裕康，译．桂林：广西师范大学出版社，2006.

［12］顾景舟．宜兴紫砂珍赏［M］．台北：远东图书公司，1982.

［13］关剑平．茶与中国文化［M］．北京：人民出版社，2001.

［14］关剑平．禅茶：历史与现实［M］．杭州：浙江大学出版社，2011.

［15］关剑平．世界茶文化［M］．合肥：安徽教育出版社，2011.

［16］关剑平．文化传播视野下的茶文化研究［M］．北京：中国农业出版社，2009.

［17］国立故宫博物院编辑委员会．故宫书画图录［M］．台北：国立故宫博物院，1990-2012.

［18］李昉，等．太平御览·饮食部二五［M］．北京：中华书局，1960.

［19］李国荣，林伟森．清代广州十三行纪略［M］．广州：广东人民出版社，2006.

［20］廖宝秀．宋代喫茶法与茶器之研究（茶盏）［M］．台北：国立故宫博物院，1996.

［21］廖宝秀．也可以清心：茶器、茶事、茶画［M］．台北：国立故宫博物院，2013.

［22］马士．东印度公司对华贸易编年史（1635—1834年）［M］．区宗华，译．广州：中山大学出版社，1991.

［23］马士．中华帝国对外关系史［M］．北京：生活·读书·新知三联书店，1958.

［24］沈冬梅．茶与宋代社会生活［M］．北京：中国社会科学出版社，2007.

［25］史晓红．试析普洱茶文化的特征［J］．边疆经济与文化，2018（7）.

［26］孙机．中国古代物质文化［M］．北京：中华书局，2014.

［27］汪敬虞．中国近代经济史（1895—1927）［M］．北京：人民出版社，2000.

［28］王方中．中国近代经济史稿（1840—1927）［M］．北京：北京出版社，1982.

[29] 王祯. 王祯农书. 王毓瑚, 校. 北京: 农业出版社, 1981.

[30] 威廉·乌克斯. 茶叶全书 [M]. 中国茶叶研究社, 译. 上海: 中国茶叶研究社, 1949.

[31] 吴觉农. 茶经述评 [M]. 北京: 中国农业出版社, 2005.

[32] 吴觉农. 中国地方志茶叶历史资料选辑 [M]. 北京: 农业出版社, 1990.

[33] 萧子显. 南齐书 [M]. 北京: 中华书局, 1972.

[34] 徐秀堂, 山谷. 宜兴紫砂五百年 [M]. 南京: 南京出版社, 2009.

[35] 徐秀堂. 中国紫砂 [M]. 上海: 上海古籍出版社, 1998.

[36] 徐震堮. 世说新语 [M]. 刘义庆, 撰. 北京: 中华书局, 2001.

[37] 严中平. 中国近代经济史 (1840—1894) [M]. 北京: 经济管理出版社, 2007.

[38] 姚贤镐. 中国近代对外贸易史资料 (1840—1895) [M]. 北京: 中华书局, 1962.

[39] 袁正, 闵庆文. 云南普洱古茶园与茶文化系统 [M]. 北京: 中国农业出版社, 2014.

[40] 郑培凯, 朱自振. 中国历代茶书汇编校注 [M]. 香港: 香港商务印书馆, 2007.

[41] 中国农业遗产研究室. 中国农业古籍目录 [M]. 北京: 图书馆出版社, 2003.

[42] 仲伟民. 茶叶与鸦片: 十九世纪经济全球化中的中国 [M]. 北京: 生活·读书·新知三联书店, 2010.

[43] 朱自振. 茶史初探 [M]. 北京: 中国农业出版社, 1996.

[44] 朱自振. 中国茶叶历史资料续辑 [M]. 南京: 东南大学出版社, 1991.